政府不回答，也不希望你知道的52件事

# 我們經不起一次核災

劉黎兒 著

〈作者序〉
# 別存僥倖繼續用核電

三一一日本震災、海嘯發生，但更淒慘的是爆發了史上最大規模的福島核災，善後需要百年，至少數十萬人無法重返家園。

我喜愛的福島，及周邊景色，乃至我自己在離福島核一廠八十公里的鄉下的家，雖然依然鳥語花香，但全遭輻射汙染，無法住人，甚至無法接近，連二百五十公里外的東京生活也為之變色。核災讓東日本乃至全日本都遭輻射汙染。

輻射能的恐怖在於，它是透明、看不見的，輻射物質毒性數十萬年不滅，造成「福島喪失」，日本政府束手無策，只能挽救其中部分，而且為了繼續維持體制，國家只好違法，讓國民忍受高濃度的輻射汙染基準，日本本身完全走樣，這是因為核災是人類所無法承擔的，核電是人類玩不動的怪獸。

但至少福島人真的想逃也還有別處可逃，我自己也曾在東京有輻射塵來襲時，疏散到離東京五百公里的大阪去，因此想到關於核電至少有兩項「世界一」的家鄉台灣，如果台灣發生核災，台灣人無處可逃，讓神經超粗的我，不再自然醒過。

台灣是全球唯一把核電建在三十公里圈內有五百萬人口的地方，亦即台灣核一、核二廠是在世界第一高人口密度圈裡的核電廠；台灣數十年來把毒性一億倍的用過燃料棒全擠在簡陋的燃料池裡，亦即台灣有世界第一高密度的燃料池，隨時引發核災也不足為奇。三一一後，多位日本專家當面警告我「台灣是下一個最可能發生核災的地方」，而後果不僅會是「台北喪失」，更是「台灣喪失」！

從福島核災，我知道，天下沒有僥倖，不能心存僥倖繼續用核電！

所有警告在事前都被說了，所有不幸的預言也都被說中了，但這種慘狀不是預言者所想看到的，日本許多反核專家都悔恨自己力量不足，沒在災前完成廢核，而眼睜睜地目睹這空前大災難發生了。

福島核一廠在核災發生前就是被並列跟已停機的濱岡核電廠一樣危險，如果日本社會能發揮理性、感性與想像力的話，已運轉三十年以上的福島第一核電廠的全部六個機組都早該停止運轉了。但是搞核電的人尤其欠缺想像力，令人扼腕；地震、海嘯也早就有人預測到了，但核電當局為了多擠出自己的利益而不予理會，災前災後持續隱瞞。

台灣人常說「天佑台灣」，卻花錢續建不定時炸彈的核四廠，或因為不了解被政府、業者隱蔽的核電真相，而接受用低電費制度強迫推銷的過剩電力，不斷提供藉口給核電利益者，讓隨時可能引發核災的三個老核電廠繼續綁在我們的脖子上，還能祈禱天佑台灣嗎？

村上春樹在核災發生後出面反核，他認為沒有去阻止核電的每個人都是加害者，而在台灣呢？如果發生核災，不僅每個人都是加害者，而且每個人都會是受害者。

台灣比日本或世界任何地方都更應該廢核，而且不是遙遠或沒時間表的非核之路而已，因為我們沒地方可逃，下一個核災不會像車諾比和福島，等我們二十五年的，因為台灣三個老核電廠是集所有核災因素於一身的，而拼裝貨核四廠只要一灌燃料，不但有幾千億台幣的拆爐負擔等著，危險度更不輸其他核電廠。

我們不要核災，所以我們不要核電，而且電力也是充分的，我們根本不需要核電。核電無法真正減碳，減碳也不能由地震國的台灣搞核電來承擔。不要核電，才不會妨礙、扼殺綠能政策的推展，我們優秀的綠能產業，我們自己才享用得到，不是只為他國代工而已，而能源才不須仰賴進口。

台灣或任何國家其實都沒資格搞核電，是因為根本無法解決劇毒的用過核燃料及其他中低階核廢料的處理，尤其台灣等亞洲國家都是新生地層，整個台灣找不到任何一處可以安放這些危險的輻射垃圾，不僅我們，我們的子孫得一直抱著這些劇毒廢料十萬年，能活得下去嗎？

我至今寫男女兩性關係等文章，都是沒有結論的，因為我想提供各種不同價值，不分黑白，或許享受灰色曖昧，或較輕鬆地思考、體驗各種情境，而有屬於自己的選擇，讓感情優質化。但核電是完全不同的，只要沒有利益關係而稍有理性的人都很容易判斷，核電是不能選，也不必選的，只有這件事是黑白分明，是有明確結論的。我們不要核電，因為我們經不起一次核災！

CONTENTS



# 核災後，日本變了

**印象中最注重整潔與健康的日本，遭受了福島核災事故的衝擊，未來一百年，日本人民將為核災的後遺症付出慘痛的代價。**

# 政府失能，人民無力自救

**日本政府救災與疏散的行動遲緩，令國際社會震驚，核電業者逃避賠償與善後的責任。說到底，這根本不是一個國家承受得起的災難。**

## 破解核電的迷思和謊言

福島核災的殺傷力，相當於一六八·五顆廣島原子彈！
核能發電「乾淨、安全、有效率」的假象，至此完全破滅。

## 捍衛家人，捍衛家園

一旦遭受輻射汙染，土地在百年之內難以復原。
遭受輻射的兒童與成年人，
更將面臨基因突變、罹患癌症、歧視排擠的命運。

## 核災一旦發生，台灣人無處可逃

台灣核一廠、核二廠方圓三十公里的範圍內，人口超過五百萬，而且台灣是全世界唯一把核電廠建在首都圈內的。

# 改變觀念，開始行動！

**福島核災的慘痛教訓讓我們認清了核電的本質，**
**萬一發生核災，台灣人將無處可逃，**
**而我們原來不需要核電，也能好好生存下去！**

〈前言〉
# 全世界只有台灣，把核電廠建在首都圈內

日本著名作家廣瀨隆在二十五年前出版過經典名著《把核電廠建在東京》，意思是政府或電力公司既然說核電是如此安全便利的玩意，那乾脆建在東京，就建在人最多的新宿西口好了。以供電效率而言，不是最好的嗎？為什麼要建在人口過稀的窮鄉僻壤，是那裡的人死了也沒關係嗎？這是黑色幽默，但廣瀨隆當時沒想到，台灣真的就是把核電廠建在首都圈！

我在四月三十日於東京一處演講會跟廣瀨隆聊了一下，他現在正呼籲日本人及世人正視福島核災並未朝安定方向前進，也要求日本應該關閉各處建在斷層或預測地震震源上的幾座危爐，而且從長年調查及內部資料，他發現沒有哪座爐是安全的。廣瀨隆對我說：「我不知道下一個會重演福島核災悲劇的是日本或台灣、中國，因為都是地震大國！」

不僅廣瀨隆，多位呼籲應停止運轉位於東海地震震源上的濱岡核電廠的日本核電專家，都更為台灣的核電廠擔憂，因為台灣的核電廠集所有惡劣因素於一身，如立地於斷層邊、老舊缺陷爐、多頭建造、現場管理困難鬆散等，更嚴重的是，核一廠、核二廠就位在首都圈內，這是全球絕無僅有的。

二〇一一年六月號《自然》期刊的研究報告指出，若以福島核一廠半徑三十公里為核災的避難標準，全球共有九千萬人生活在此一範圍內，承受著爆發核災的風險。全球二百一十一座現役核電廠中，有六座的三十公里圈內人口超過三百萬人，其中台灣就占了兩座：台電核一廠、核二廠的三十公里圈內，人口超過五百萬。相對於此，福島核一廠的三十公里圈內有十七萬人，地廣人稀多了。台灣其實是世界唯一把核電廠建在五百萬人口的首都圈內的。

以色列原本去年打算在南部的內蓋夫沙漠中建核電廠，那就離耶路撒冷十公里，建在首都圈的程度跟台灣有拚，但在福島核災發生之後，以色列判斷這是天災加人禍，隨即宣布取消建核電廠的計畫，所以目前還是只有台灣的核電廠是建在超高密度人口的首都圈內。

台電核一廠、核二廠的三十公里避難圈，台北就涵蓋在內。福島核災發生時，美國設定的美僑避難圈是八十公里，事實上福島核災發生，連在四十公里計畫避難圈外的福島縣民也飽受高濃度輻射被曝之苦，福島有七六%的學校被曝量超標，日本政府殘忍地將被曝基準提高，因此避難八十公里很有道理。若核災發生在台灣的核一廠、核二廠，連新竹人也得避難，即使只看三十公里圈內的五百多萬人，避難時不可能全擠到南台灣。日本政府不敢擴大避難圈或疏散學童，也是因為避難本身對災民或政府都很困難，災民等於放棄至今擁有的人生乃至平凡的夢想。

廣瀨在二十五年前就指出，核電廠外部電源喪失就什麼都完了，很容易發生爐心熔毀以及使用過核燃料臨界等問題，他也指出核電廠的冷卻水循環技術、調整壓力技術，以及抑止輻射能的各種弱點，這些在福島都成了現在進行式，廣瀨的預言不幸成真。福島核一廠的許多問題，如冷卻機能喪失、一號機連五百蓋爾的搖晃都耐不住等，現在查出是在海嘯來襲前就已經發生，類似問題存在於日本所有核電廠，至今也未改善，到台灣參觀過核電廠的日本專家如菊地洋一等，認為台灣不會是例外，更為台灣擔憂。

因為福島核一廠是供應東京首都圈用電，核災發生後，福島人說：「把核電送還給東京！」但若是台灣核一廠、核二廠發生核災，根本連送還問題也不存在，因為台灣是世界上唯一把核電廠蓋在首都圈裡的！

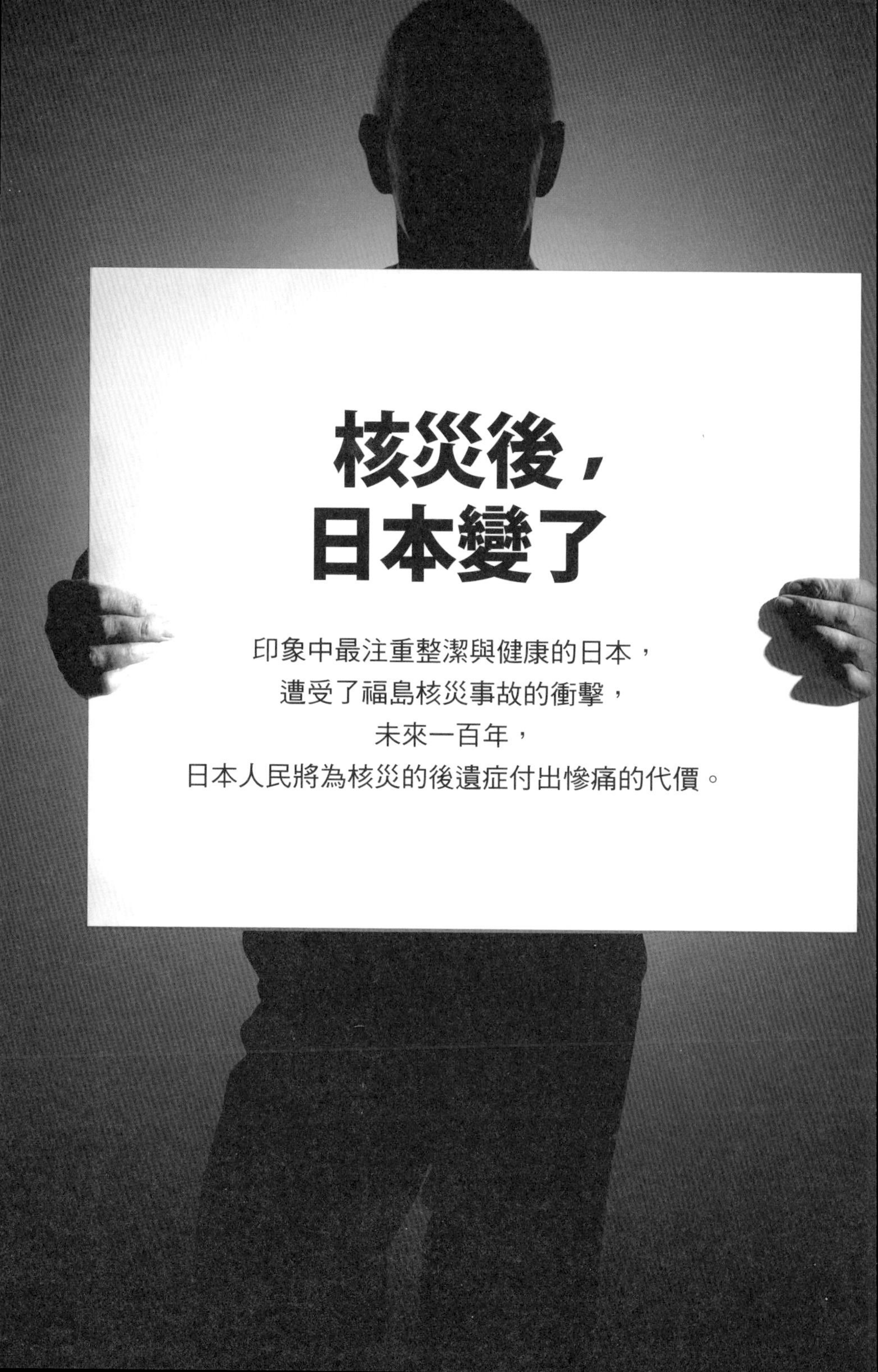
核災後，
日本變了
印象中最注重整潔與健康的日本，
遭受了福島核災事故的衝擊，
未來一百年，
日本人民將為核災的後遺症付出慘痛的代價。

01

# 一個日本，兩個世界

福島當地居民正飽受輻射汙染之苦，有八百多名兒童流鼻血，然而在東京卻依然歌舞昇平，令人懷疑一個日本卻存在著兩個世界。

的確，現在即使連離福島核一廠六十公里外的福島市或更遠的喜多方，當地的輻射劑量也都高得驚人，國際間調查過車諾比核電廠事故的人士都大喊「Crazy!」（瘋狂）。像福島市，等於整個城市都在輻射管制區域內，卻還有三十萬市民居住。

車諾比核電廠事故後，超過一小時〇．五七微西弗的地方不准住人，但現在像福島市車站前超市都能測到十微西弗、渡利中學即使把操場汙染土剷掉後也還測到四微西弗以上，跟現在離車諾比核電廠三公里處的地方一樣高。車諾比核電廠事故至今已經二十五年，目前三十公里圈還禁止進入，但渡利中學卻每天都有學生去上課，令人不忍。

日本政府不想正視福島縣高輻射劑量的問題，等於是用透明輻射刀在殺害兒童。許多日本人都對國家在做如此不人道的事而驚訝、感嘆！日本原來根據國際輻射防護委員會（ICRP）規定，容許輻射劑量一年一毫西弗，但現在連小孩的容許劑量都提高至一年二〇毫西弗，即一小時三・八微西弗。雖然最近政府表示要努力降低學校校園內的輻射劑量，但這只是確保學童在八小時的學校生活中不會遭嚴重汙染，但整個大環境沒改變，其實沒有太大的意義，而且鏟掉的土還沒決定去處，還堆放在校園一角，輻射值一旦降低後也還會回升。

車諾比核電廠當初噴出的輻射物質有一五％落在白俄羅斯，九百萬人口的白俄羅斯有二百萬人生活在輻射汙染地區，這些地區被說是「找不到健康的小孩」，九八％的小孩都生病，無精打采，容易心悸或頭痛，白血球數增加，每節課不是四十五分鐘，而是二十五分鐘，有辦法的人都出國了，只剩下農家。即使二十五年前未遭輻射的人，後來吃了汙染土壤長出的蔬菜等作物，體內被曝嚴重。

現在的福島也陷入了同樣的處境，除了政府強制避難的十幾萬人之外，其他有兒童的家庭，只有約十萬人自力搬遷，還有一百多萬人應避難而無力搬遷，只好繼續留在高輻射區吃汙染食材，不敢想像數年後有多少人會發病，若有畸形兒誕生也不足為奇，福島的悲慘世界無奈地存在日本之中。

02

# 輻射汙染將纏繞百年，揮之不去

輻射汙染什麼時候才會消失呢？今後的日本，將如同車諾比核電廠事故後的白俄羅斯和烏克蘭一樣，被迫與輻射汙染共生。

日本因為輻射牛肉的問題，才真正體會到輻射汙染在進行中，而且輻射能就在自己的身邊，今後將纏繞日本百年以上，日本社會今後只好變成與輻射能共生的社會，就跟車諾比核電廠事故後，事隔二十五年至今依然為輻射汙染所困擾的白俄羅斯或烏克蘭一樣。

不僅福島附近，不僅二百五十公里外的東京部分地區是輻射熱場（hot spot），連七百公里外的大阪河川都測到銫。加上日本流通網絡發達，像在秋田販賣的櫪木產園藝用腐葉土，都測出含銫高達一萬一千貝克，不僅吃的，連許多休閒嗜好用品都遭到汙染。

因此，今後日本將必須訓練所有物理老師等都學會測量輻射劑量，不僅要測環境輻射值，更要包括食品、日常用品等，這跟白俄羅斯一樣，所有小學等都設置有輻射測量器，普通家庭要吃進肚子裡的每一種食物，都拿去附近小學或幼稚園測量，像牛奶測到每公升五十貝克，雖然在世界其他地區都算超標，但當地人很開心，覺得可以喝！白俄羅斯至今每年有兩成的國家預算都花在對付輻射汙染及其後遺症，如國民的甲狀腺癌、血癌等，到最近幾年才開始發病。

許多日本人抱怨，同樣是共生，為什麼不是比較愉快、明朗的玩意，為什麼偏要跟輻射物質這種看不見的殺人鬼共生呢？輻射能是透明的、不會馬上致死，要證明羅病或致死的因果關係很不容易，正好讓許多擁核者大言不慚地說：「輻射物質有什麼可怕的！」這些人都覺得輻射死也沒自己的份，死都是死別人家的小孩，看來不在福島核一廠內為這些人蓋個養老院，他們是不會為了幾十萬兒童遭輻射汙染而流淚的！

03

# 日本人將必須與輻射線共存

輻射汙染的影響範圍太大，改變了日本人的生活，未來，他們的食衣住行都擺脫不了輻射汙染的陰影。

福島核災之後最大的改變是：日本人覺悟從此幾十年都將與輻射線結下不解之緣，每一個動作都受到影響，人人都得與輻射線共生，食衣住行無法放鬆精神，整個社會都要花相當多的資源來跟輻射能搏鬥，就跟現在的白俄羅斯、烏克蘭一樣。

許多人抱怨，從三一一之後，日本報紙每天好幾個版都在說輻射，電視新聞、脫口秀節目等也大談輻射，因為輻射汙染的影響太大了，尤其福島核災至今放出輻射物質至少有一六八顆廣島原子彈的量，而殘存量也等同近三千顆，導致一百公里圈輻射汙染劑量是一小時五微西弗，二百公里圈是〇．五微西弗，北從岩手牛，南到靜岡茶，都遭到汙染，現在也每天持續釋放，怎麼能不談輻射呢！

我八月中旬去京都旅行，京都人從今年四月起，就爭論著八月十六日在如意岳燒大文字時要不要燒岩手縣松木為災民超渡，最後松木測出含銫而且嚴重超標而放棄。災民遭反覆戲弄，輻射物質燒了更濃，灰燼四散，京都人當然不願意。京都伊勢丹超市的福島小黃瓜每根降到十日圓，乏人問津，大家寧可買每根一百日圓的京都小黃瓜。關西人私下抱怨，遭汙染的關東食材大量流入關西，讓關西人壽命也跟著降低。京都不肯燒的岩手松木，成田的新勝寺表示願意燒，但附近居民大為反對，

日本政府把食品輻射劑量的容許基準大幅提高，使得不僅福島的兒童驗尿含銫，連埼玉等地的兒童也驗出尿中含銫，或是千葉等地的母乳也一樣，輻射不放過任何人，尤其不放過脆弱的婦孺。以前日本的自來水能生飲，到哪裡神經都放大條，但現在則每次入口的水、食物、出門要不要帶傘、戴帽、

穿長袖，或上哪裡旅遊等，都得一一思考跟輻射線的關係，作家五木寬之認為，或許痴呆化的日本人能因此恢復一點點基本的生存戒心！

04

# 輻射汙染時代來臨，每人一百億貝克的負擔

過去日本一直是整潔且講究健康的國家，但發生核災後，讓人覺得輻射汙染了一切，未來有可能恢復原狀嗎？

日本在一九七〇年代曾是農藥大國，但後來經過努力，變成對環境汙染或食品安全衛生相當注意講究的國家，也是世界上人民最長壽的國家。在核災前，日本食品是養生健康的代名詞，但核災後一切都改觀了，日本人的平均壽命顯然將會大為降低，因為要承擔高濃度輻射汙染，正如烏克蘭在車諾比核電廠事故之後，人民的平均壽命從七十五歲降到五十五歲。

從福島核一廠散播出的輻射物質量，陸上至少八十京貝克，海水至少

二十京貝克，合計一百京貝克。一百京不過是福島核一廠輻射物質的〇．一五％，現在爐心不知熔出到哪裡去，還在繼續汙染地下水、土壤等，日本已進入輻射汙染時代。

京是「萬兆」，若簡單除以一億人來算，日本平均每人要承擔一百億貝克，是人體無法承擔的份量。日本政府束手無策，只好把人體能承受的劑量從一毫西弗提高到二十毫西弗，食品容許輻射基準也跟著提高，即使不超標，輻射物質含量也很高，像現在福島兒童體外被曝達一年二十毫西弗，加上吃福島周邊的高輻射汙染食品，即使不超標，合計一年也達四十毫西弗，那是一年照八百次胸部X光的劑量，亦即要小孩每天照三次X光，怎不令人心疼！

現在日本政府面對輻射汙染，是以高容許基準讓汙染食品和物品等在全國流通，等於讓全日本共同來承擔。像福島學校操場剷掉的輻射土沒去處，或像東北、關東各縣下水汙泥乾燥後都嚴重超標，無法掩埋等。按理這些輻射汙染物質應該要蒐集起來，放回福島核一廠，物歸原主才行，但日本至今沒有法律可因應核電廠放出的輻射物質的處理，而且負責核災的大臣細野豪志長期跟東電並肩作戰，立場相當偏袒東電，反而說「福島人已經太可憐，各處輻射汙染垃圾無法再放回福島核一廠，加重汙染」，但四處散播、只好設法封存而就地掩埋的結果，今後全日本無淨土的狀態將更恐怖！

05

# 承受數十萬兆貝克輻射的海與魚

地震和海嘯的災害雖大，卻遠遠不及核災的毀滅性。台灣捐了一百八十億日圓，日本卻遲難復原，原因就在這裡。

日本三一一若只有地震和海嘯，雖然也夠悲痛，致使許多人喪失生命及家園，但現在還有核災，影響了東北產業的復興。東北原本是日本的穀倉、水果街道、魚貝類供應來源，但現在因核災陰影籠罩，東北的產品和觀光都大受影響，東北的人口不斷外移，到九月至少有七萬人失業，情況不樂觀。

雖然有些地區開始復興，但原本農民在九月看到稻田變成黃金色要收割都會雀躍，今年卻愁眉苦臉，因為消費者不想買輻射米，尤其米是每天吃的主食。此外，牛、豬、牛奶或秋天盛產的菇類，也都有輻射汙染的問題，滯銷導致價格崩盤，農民血本無歸。像福島產的水蜜桃一顆遭賤賣到五十日圓，而關西產的則賣三百日圓，櫪木產的梨子一顆不到一百日圓，而九州產的則賣三百日圓。

宮城或岩手的許多漁港逐漸修復，漁民開始打漁，日本秋冬魚貝最為鮮美的季節來了，但是據學者估算，福島核一廠放出到大氣的輻射物質約八十萬兆貝克，放到海洋的約二十萬兆貝克，即使日本擁核當局自家組織「日本原子能研究開發機構」，也承認至少有一．五萬兆貝克被放到海洋中，尤其北從岩手、南到千葉的太平洋沿岸海域的魚令人擔心。福島九月抓到最易吸收輻射物質的深海魚鰈魚，測出輻射劑量一千多貝克，是日本寬鬆的暫定容許基準（五百貝克）的兩倍多。暫定容許基準五百貝克是很不安全的數字，德國輻射防護協會的建議基準是成年人八貝克、小孩四貝克以下。現在日本海域裡的輻射物質太多，而且還可能含有恐怖的鍶。

宮城、岩手、茨城等地區抽查，有很多魚的輻射劑量高，令消費者不安。日本農水省表示檢查儀器不足，真正受檢的漁產品件數不多，必有超標的魚貝流到市場上。因為這種曖昧不明的狀態，消費者很擔心，不敢購買東北產品，對災區的打擊嚴重，這是復興沒進展很重要的原因。

06

# 福島兒童的心聲：「我能活到幾歲？」

在整個核災事故中，最令人心疼的就是福島兒童，他們無辜地承受著大人造成的災難。

說來真的令人非常不忍，因為兒童是最容易受核災影響的。福島縣內公立中小學的學童人數約十一萬七千人，核災發生後，到八月底時約一萬四千人轉學，九月後轉學的人數繼續增加，但還是有很多小孩因為家庭經濟能力及父母工作關係，無法離開福島。

福島兒童透過投書媒體、寫信給國會議員，或在各種集會表達意見，藏在孩子內心深處的聲音，令大人更羞慚，覺得大人怎麼能把災難讓無辜的孩子來承受？

孩子們的心聲如「我能活到幾歲？」「我是不是能長大成人？」「我很擔心我會死掉，聽說遭輻射會得癌症、早死，但我不想死！」「我跟我的朋友驗尿都含銫，是不是都會死？」「我將來能不能生小孩？」「我又沒做什麼壞事，為什麼上天要降輻射能來殺害我們？」「為什麼大人蓋核電廠，卻要福島小孩遭輻射？」「都發生這樣的事了，核電廠還要恢復運轉？」

核災後，福島許多小孩沒法去戶外玩。棒球隊只能在教室用紙球練習。室內體育館不夠用，只能在課桌上做柔軟體操，孩子們問：「輻射能什麼時候才能消失？我想去外面玩！」「什麼時候可以不戴帽子？什麼時候可以拿掉口罩？」「在外縣市舉辦夏令營的小朋友要來福島看我們，我怕他們遭輻射，要他們現在最好不要來！」

在外縣市避難的小孩說：「請趕快除卻輻射汙染，我們是在什麼心情下離開家鄉，你們知道嗎？在故鄉還有多少人是關緊門窗過日子的，你們知道嗎？政府把輻射容忍基準提高數十倍，對我們中學生也說不過去的，怎能讓世人信服呢？」「我想給在福島的親人寄乾淨安全的食物！」或「我想回福島！我想回到我從小熟悉的地方！」「我想回到我熟悉的福島學校，因為那裡有很多朋友！」「我轉學換了兩所學校，大家四處分散，這是無法忍受的悲痛！希望讓離開的人、留在原地的人都能一起避難！」

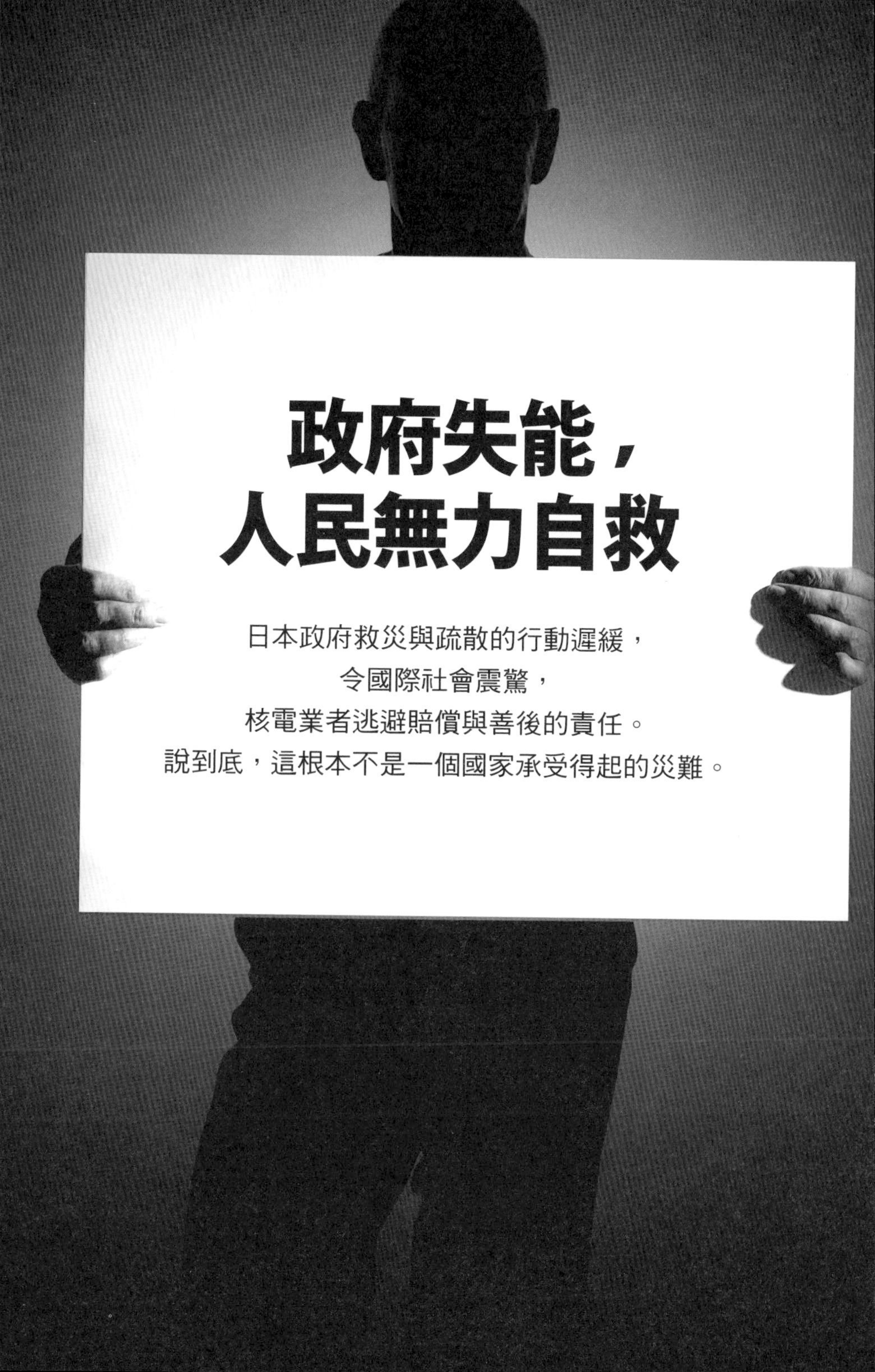
政府失能，
人民無力自救
日本政府救災與疏散的行動遲緩，
令國際社會震驚，
核電業者逃避賠償與善後的責任。
說到底，這根本不是一個國家承受得起的災難。

07

# 福島核災與兒童玩的氫氣球爆炸大不同

台灣原能會放射師會宣稱，福島核一廠氫爆就跟小孩玩的氫氣球爆炸一樣，這是淡化真相的天大謊言！

不僅台灣原能會，遭國際公認核一、核二、核三或興建中的核四廠都是最危險的台電，至今也同樣還有看法認為福島核一廠「只有氫爆，而沒有核爆」，這不是無知，就是為了幫東電欺瞞世人，尤其想矇騙台灣人，淡化福島核災真相，這種認知或心態怎麼能運轉核電？

說福島核一廠的爆炸跟小孩玩的氫氣球爆炸一樣，就好像說炸彈跟爆竹一樣！

東電不會因為台灣當局幫他們掩蓋真相而感恩的，東電自己雖沒正式承認有核爆，但也不敢否認，而承認有核反應現象，在東電幾千頁的事故報告公布時，有關鍵部分塗黑，存心遮掩，但還是讓專家找到三月十五日測到有中子線，證明專家對十四日第三次爆炸（亦即三號機第二次爆炸）並非單純氫爆的看法是正確的，那次爆炸燃料池閃紅光後冒黑煙，持續冒了好幾天，多位專家從爆炸威力、方向、發生場所判斷應該是核爆。此外，三月二十日至二十一日間，三號爐內有爆炸，並大量釋放輻射物質，不輸給一號機及二號機爆炸，千葉、東京北部、埼玉的輻射汙染便是二十日爆炸造成的。

所以原能會或台電說福島核一廠只是氫爆而非核爆，是不對的，把這些爆炸用小孩玩的氫氣球爆炸來說明，更是非常過分而不當，簡直拿台灣人的身家性命在開玩笑！

尤其福島核一廠的爆炸釋出了大量輻射物質，若連海洋部分計算在內，早已超過車諾比核電廠事故的規模，而日本政府都承認以鈽計達一六八‧五顆廣島原子彈，從輻射汙染來看，是比原子彈更嚴重數百倍的，讓福島絕大部分地區都比台灣醫院的輻射管制區域的輻射劑量還高。東日本食物遭汙染，但台灣的原能會居然敢說：「不能與原子彈爆炸相提並論！」還指相提並論是危言聳聽，欺瞞外加恐嚇，如此面對核災，既無法從福島核災記取教訓，更沒把核安放在心上，怎能把台灣未來交給他們呢！

08

# 福島核災的善後工作要花多少錢？

日本開始要除卻核災災區的輻射汙染，那些汙染真的除得掉嗎？核災善後工作的費用，可能會讓日本破產。

福島核災發生，若適用車諾比核災避難基準的話，則面積是琵琶湖（六萬七千平方公里）的兩倍。若要嚴格遵行日本法令，則不得不放棄福島全縣。

收拾核災到底要花多少錢？東京大學教授兒玉龍彥估計，單單土壤等環境除染，最少得花八百兆日圓，而其他房產以及產品價值喪失等，更是以千兆日圓計，幾代都清償不完。日本因震災而損失或收拾的錢是算得出來的，但核災算不出來，而且輻射汙染震災災區，因為有核災，連震災復興也無法進展。

兒玉龍彥計算的除汙，是保守估計福島放出的輻射物質為廣島原子彈的三十倍，（連日本政府都已承認若以銫計算，是廣島的一六八倍），殘存量是放出的一百倍，亦即廣島的三千倍，導致一百公里的範圍內輻射汙染劑量是一小時五微西弗，二百公里的範圍內是○・五微西弗，甚至連靜岡或神奈川足柄的茶都遭到汙染，要除卻土壤等環境的汙染是非常困難的。一九五○年，富山縣發生鎘中毒事件，當時為了除卻三千公頃的鎘汙染，投入了八千億日圓稅金，這次是一千倍，要投入多少呢？

答案是八百兆，相當於日本十年的國家預算，每個日本人至少要負擔六百萬日圓。現在日本國民的總資產估價是一千至一千四百兆日圓，但國家負債達一千一百兆日圓，八百兆日圓將會導致日本破產，因此日本政府未認真去做，只編列了二千億日圓的除汙預算，任由福島人飽受輻射。即使進行除汙，輻射汙染無法中和紓解掉，是永遠存在那裡的，被除掉的輻射土也沒去處，若放到福島，會讓福島人覺得是雪上加霜。

蘇聯在車諾比核電廠事故後也除汙過，但最後都放棄了，因為農地和山林根本無法除汙。現在日本的輻射汙染有九成是在樹林的枝葉上，無法把所有的樹都砍掉的。但若不除汙，則不僅福島，連東京許多高輻射汙染的熱場也都會變成無法接近的死點。

要收拾核災，不僅除汙花錢，其他如福島核一廠廢爐，金融機關環保發訊組織FGW指出至少要七兆日圓，而福島核一廠內到年底將達二十萬噸的輻射汙水處理費用也是以兆日圓計。關於賠償，東電和日本政府只想賠四兆日圓，但事實上會是這數字的數倍乃至數十倍，汙染區域太廣大，人畜農作物等都得賠，美林日本證券估計要四十八兆日圓，而瑞士原安會前委員長沃特．威爾第則估算應賠三六六兆日圓。現在汙染擴大的事態比發生當初嚴重多了，早已超乎原來的評估。

日本政府打算對福島二〇三萬人健康追蹤三十年，這需要的費用也是天文數字，更不用說福島人已賠上了健康與人生，這些算不清也付不起的收拾費用，說來說去就是為了維持核電相關的利益，核電原本就是長年靠稅金在補貼，一旦發生了核災，這些業者又去賺收拾費用。台灣也一樣，乾脆直接付錢給這些貪圖利益的擁核者，請他們不要續建或維持無法保證安全又收拾不起的超巨大核彈，那樣一定是可以省好幾千倍的錢的！

09

# 日本政府怎會如此殘忍？

福島的兒童驗尿發現含銫，顯示遭受輻射，但為什麼日本政府還讓他們留在如此惡劣的環境中？難道無法讓他們遷居外地？

我自己原本也認為日本政府對國民生命健康照顧是較良好的先進國家，但核災早已超乎任何政府或人類所能控制的狀況。軟弱無力的政府能救濟的人很有限，只好變相淪為殺手，最受影響的就是兒童和孕婦，以及還想生育的母親。

許多專家估測，現在遭到高濃度輻射汙染的應避難居民約為一百五十萬人，但政府只有能力讓十五萬人避難，其他九成只好自生自滅，而非政府組織（NGO）只好努力去斡旋其他地方的政府、企業提供空屋來收容福島人，尤其是有兒童的家庭。其中最賣力的團體「守護孩子免遭輻射傷害福島網絡」（子どもたちを放射能から守る福島ネットワーク）的代表中手聖一曾跟我說：「我們費盡力氣，但自力外移成功的只有四萬人，離目標還很遠！」我跟幾位朋友企畫出版的一本核電員工揭發核電本質的書《核電員工最後遺言——福島事故十五年前的災難預告》的隨書捐款，就是捐給他們的組織，後來外移人數雖然增加，但依然有限。

無法搬遷的人，只好繼續吸高輻射濃度空氣、吃食高輻射汙染的福島蔬果和魚肉等，這樣的小孩排尿當然會驗出含銫，而且相對於吸進去的量，能排出的有限，大部分殘留體內，可能造成病變。

中手跟他的同伴們做的事，原本是日本政府應做的事，但現在只能讓災民自求生路，否則都得列入賠償範圍。或許為了防止恐慌，日本政府還撒下恐怖的管制網，像福島人只能接受指定的醫師檢查，檢查結果卻不告訴本人，還讓御用學者來對福島人洗腦，表示：一、悲觀的人才會遭輻射能傷害；二、現在日常先習慣低輻射，將來遇到核彈爆炸等大核災會比別人更有抵抗力；三、留在原地的福島人會為後世提供最佳的觀測資料——完全把國民當白老鼠！核災讓我所喜愛的日本走樣至此，也讓許多日本人驚訝、哀傷！

10

# 無力救災，只好違法，日本還是法治國家嗎？

日本在世人印象中是非常守法的國家，但核災之後，政府怎麼會不修法就把輻射容許劑量大為提高？

在核災之後，日本人乃至國際開始懷疑日本是否為法治國家，但核災已經讓日本政府、國家無法守法，一方面是擁核當局不肯認錯，而且還想繼續維持利益，甚至出口核電，另一方面是日本政府已經顧慮不了這麼多，任由福島等東日本的居民承受高濃度的輻射汙染。

按理，國民觸犯法律，國家會加以處罰，而遵守法律也應該是國家最低限度的義務。日本原本有防止輻射汙染的法律，規定只有從事輻射業務者如核電工等，五年間不能遭到一百毫西弗的輻射，而一般人則一年不能遭到一毫西弗以上的輻射，但是日本政府未經修法，便輕易地把成年人和兒童的被曝上限都提高為二十毫西弗，比許多國家的核電工還要高。

此外，按照規定，表面汙染密度超過每平方公尺四萬貝克的地區都算是「輻射管制區域」，如醫院的 X 光室或核電廠的某些區域。依法規定，不能把管制區域的輻射汙染帶出來，普通輻射業務員從該區域出來時要接受檢查，例如手若遭輻射汙染，就要洗手，洗了不行，再用熱水洗，還不行，就要用藥水洗，可能洗到脫皮才能出來。

但現在占日本土地三%，面積約一萬四千平方公里的福島縣，幾乎全縣的土地都是每平方公尺四萬貝克以上，等同於所謂的輻射管制區域，照理說二百萬福島人應該全數疏散避難，不可以留在當地生活的，但日本政府若承認福島全毀、放棄整個福島地區，將會影響到政府本身的信用與權威，還得承認推動核電的錯誤。政府無力也無法讓福島人疏散遷徙，讓福島人覺得自己是棄民。

引發福島事故的最大犯罪者是日本政府，而政府不守法，讓國民繼續住在輻射管制區域，更是嚴重的違法，這是國家的犯罪，是國家不守法，讓人懷疑日本真是法治國家嗎？政府自己發生事故，尤其是核災如此對應不了的天大事故，自己馬上與法律為敵，成為最大的違法者。

11

# 福島核一廠的災變已經穩定下來了？

日本核災擔當大臣細野豪志宣布，日本將提前在今年內讓福島核一廠達到「低溫安定」的目標，這是真的嗎？

雖然國際間都很期待福島核災能早日善後完畢，不要繼續放出輻射物質到大氣或海洋中，可惜此項宣布是日本政府為了挽回國際形象而粉飾的太平假象。因為實際上，三座原子爐的加壓容器都已破底，三個爐心熔毀、熔穿、熔出原子爐，爐心下落不明，根本不可能有低溫安定的狀態，如此公布是矮化核災，不想公開正確的資訊！

東電號稱三號爐的水溫低於攝氏一百度，不會再沸騰產生蒸氣，相對安定，但是據京都大學原子爐學者小出裕章表示：「爐心是重達一百噸的高溫熔融體，若非高達攝氏二千八百度是不會熔掉的。一旦熔毀，則先掉落到原子爐的加壓容器，加壓容器是鋼鐵打造如壓力鍋般的玩意，大概一千四百度、一千五百度就會熔掉，因此加壓容器已熔穿，接下來掉落在圍阻體，圍阻體是防止輻射性物質外釋最重要的外壁，底層是相當厚的強化鋼筋混凝土，因此爐心大概是從圍阻體側壁鋼鐵部分熔出原子爐的，尤其一號機是很小、很老的爐，因此爐心早已熔出圍阻體側面，跑到外面去了！二號機、三號機應該也是這種狀態！」

小出裕章並認為，由於核島建物本身也全是以水泥建的，無法整個建物都冷卻，因此爐心又繼續把水泥熔掉，而一直朝地下熔去、掉落，亦即發生從前核電業界所謂的「中國症候群」（China Syndrome），這是指在美國發生核災，爐心（灼熱的核燃料）可能熔穿地殼、地幔和地心，直達在地心另一端的中國（其實美國地心的另一端是印度洋，但泛稱中國）。

面對爐心逐漸在地下熔穿竄走，東電束手無策，卻只徒勞地加水，因此日本對外宣稱福島核災維持低溫安定毫無意義。小出裕章表示：「原本所謂低溫安定，是指原子爐的加壓容器很健全沒破損，而爐心還在加壓容器中的狀態，那樣爐心維持在攝氏一百度以下，就可以說是低溫安定。現在爐心下落不明，根本沒有『低溫停止』可言，那是欺騙外行人的話。」關於福島核災，日本政府及東電到現在依然不說真話。

## 12

# 海嘯來之前，核電廠的設施就已經壞了

福島核災讓數十萬人失去家園，汙染大地與海洋，事後發現，這場核災根本是人禍而非天災。

海嘯來之前，核電廠就已經開始崩壞了。

福島核災發生之後，雖然東電強調是超出想像的大海嘯所造成的，但事實上，在海嘯來襲前，一號機的壓力容器及配管，以及三號機的爐心冷卻及緊急系統的配管，都已發生破損，根本等不到海嘯來作怪。即使是因為海嘯，日本東北海岸過去也有高達三十九公尺的海嘯，但福島核一廠連十幾公尺高的海嘯都擋不了，而且事前東電或經產省的「原子力安全・保安院」都忽視了相關的最新研究，沒有做好各種防備，還拚命隱藏有這份研究成果，不管從哪個觀點來看，福島核災都是人禍而非天災。

日本政府或核電業者都說：「核電廠即使地震來了也不會壞」「即使海嘯來了也不會壞」。但早在地震、海嘯前，就有許多專家警告應重新考慮核電廠的耐震性，因為根本不夠。日本普通建築物的耐震基準是二百蓋爾，核電廠平均約為四百蓋爾，像福島核一廠的二號機在二〇〇七年加強為四三八蓋爾，三號機的耐震基準值是四四一蓋爾，五號機是四五二蓋爾，或許實際耐震稍高一點，但基本上震度六（震度六弱是二五三〜四五〇蓋爾，震度六強是四五〇〜八〇〇蓋爾）。地震來襲的話，日本的所有核電廠都不保，毫無僥倖，至今為止也曾因地震來襲而發生大小事故三十幾件，有的甚至隱匿不對外說。

台灣核電廠目前的防震係數分別是核一廠〇．三g，核二廠及核三廠是〇．四g（重力加速度，一g＝九八一蓋爾），都沒超過四百蓋爾，都比福島核一廠低，但台電卻敢宣稱防震超過福島核一廠。台灣核電廠的耐震力可疑，真如最近踢爆核四不安全的林宗堯說的「不能不重做耐震度測驗與檢視」。核四只要停建就好，問題比較單純，但這三個運轉了二十五年以上的老廠是更恐怖的不定時炸彈，而且核一廠、核二廠燃料池的用過燃料棒超級爆滿，不需要太大的地震，隨時也可能引爆毒性更高的核災，不廢核是無法睡好覺的！

# 13 關閉一座核電廠要花多少錢？

台灣的原能會說無法保證核四安全，那當然應該停建，不過既然已經投下了好幾千億台幣，會不會很可惜？

核四廠因為是大拼裝貨，日本專家參觀時也直搖頭，對於分包體制及施工管理，一百分只給了三分，最近也遭指出，台電擅自設計世界罕見的複雜儀控系統和巨大冷凝器、超長蒸汽管等，出問題誰也搞不清楚，非常恐怖，台電乾脆去申請世界專利好了。而且核四動工至今已經十幾年，數位機器都是古董級，鋼筋水泥劣化，灌燃料後可能一發不可收拾，造成台灣全滅。

台灣的朋友，有許多人都跟我說：「核四已經花了二千五百億台幣，停建的話不是很無采嗎？」放心，及時叫停一點也不會無采，頂多罰款一百億而已，要是開始用了，那才是真的無采、浪費呢！

別說萬一發生核災，半個台灣上千萬人的身家財產賠不完，就算沒發生核災，要廢掉一個爐也要花台幣二千億以上；這是日本電力業者公會的「電事連」試算五十個原子爐善後費約為二十六兆六千億日圓，一爐平均五千三百二十億日圓，不是號稱幾百億日圓就能了事。

這還不包括核廢料的善後費用，也都是數千億起跳，而且用過的燃料棒或中低階核廢料沒去處，花再多錢也沒地方要收，就像台電曾想花幾千億台幣拿到內蒙古去，也遭拒絕，現在世界各地的人民意識覺醒，都拒絕核電十萬年劇毒垃圾，最後只能繼續留在台灣這樣狹小的島內放出輻射汙染。

原子爐也不是關掉拆爐後就能拍拍屁股走人的。整個除役過程要有大批人力監督、遭輻射，要耗費幾十年乃至上百年漫長歲月。台灣人口減少，電器效率化、發電過剩，根本不需要核四廠，核四應該跟德國一座未啟用的核電廠一樣改建為遊樂園，那樣核四廠就不會成為後患無窮、遺害萬年的禍根，反而變成親子、情人都能去留下記憶的好去處。

# 14 社會弱勢者吃到輻射汙染食物

遭輻射汙染的福島土地，許多還在栽種農作物。未來，受汙染的農產品將流入市面以低價出售，讓社會弱勢者買去吃。

在福島核一廠附近的大熊町，有一萬平方公尺的土地輻射值是三千萬貝克，其他十六處也高達三百萬貝克，而許多非警戒地區或避難區，輻射值也高到比車諾比的強制避難區還要嚴重。由於福島核一廠事故不是大爆炸型，輻射物質落在福島周邊的東日本，集中汙染的嚴重度超過車諾比核電廠，這些地區不但不適合人居住，也不適合栽種農作物，但是除了超標嚴重而遭強制禁止種稻外，許多土地依然在栽種農作物，含有高濃度輻射物質，而且因容許基準放寬了數十或數百倍，這些農產品也能在市場流通，政府才能免除賠償、收購的責任。

遭輻射汙染的食材，都是社會弱勢者在吃，因為許多高級店鋪都開始引進昂貴的輻射測定裝備，自主檢查食品是否含輻射物質，而擺售零輻射汙染（亦即完全沒汙染）的蔬果魚肉，價格也比普通超市賣的昂貴許多，變成有錢人才有免吃輻射食品的特權。

雖然今後的日本或許會跟車諾比核電廠事故後的德國一樣，店鋪都自主標示輻射物質含量，否則沒人敢買，但普通人只好吃輻射食品。福島周邊的食材沒人氣，價格低廉，結果流到廉價餐廳，低收入的年輕人首當其衝。

最令人不忍的是兒童營養午餐，因為材料費少，或自治體表示要鼓勵福島人，於是大量引進福島食材，例如橫濱的小學就頻繁使用來歷不明的福島牛，顯然是問題牛，否則營養午餐一向只用得起進口牛肉，而無法用國產牛。結果，輻射食材和食品都進了最沒抵抗力的年輕人和兒童的胃袋，在他們體內破壞DNA等，造成病變。

雖然有些學者認為政府以寬鬆基準讓高輻射食品流通，五十歲以上不太受影響的大人應積極吃輻射食品，否則會讓最不該吃的年輕人或小孩吃到。但五十歲以上的人受影響是否比較少，並未獲得證實，如果真的要吃，應該強迫擁核的人吃才對！

15

## 無法結婚生子，輻射災變導致社會歧視

過去長崎和廣島遭原子彈轟炸後，遭輻射者在婚姻和工作上受到歧視。這次福島核災後，也開始出現類似的狀況。

福島縣遭到汙染的狀況，若以輻射銫來算，福島核一廠至今至少放出一六八顆廣島原子彈，輻射能歧視問題也更加嚴重！許多福島人的婚姻都出現嚴重的困擾，已發生有交往八年的福島新娘，在婚禮前因婆婆擔心「輻射能的影響會生不出健康寶寶」而反對、悔婚。

輻射歧視到處都有，例如筑波市要求搬來的福島人接受輻射物質的檢查，直到有輻射醫學專家出面呼籲「輻射汙染不會傳染！」情況才稍微好些，但還是有旅館和餐廳拒絕福島人來消費，或有福島兒童在他縣學校遭到霸

凌。

福島居民本身也有嚴重的不安。東京電力公司四月到遭輻射汙染嚴重而強制避難的飯館村開說明會時，有一位高一女生便站起來說：「我有結婚生子的夢，是否會因為輻射能而變成無法生小孩？」福島還有老師對學生自暴自棄地說：「你們已成了輻射能實驗台！」「你們最好不要生小孩！」或對女孩子說：「妳們已無法結婚了！」

過去在廣島和長崎也有類似的歧視，井伏鱒二的小說、由今村昌平改拍為電影的名作《黑雨》，就是在描述這樣的歧視；面臨婚期的女主角並未直接遭原子彈轟炸，拚命用日記等來證明自己的健康，但其實她在尋找親人時被含強烈輻射能的黑雨淋到，結果發病，婚約也成破局。類似的悲劇在當時非常多，現在歷史重演。

別說核爆或核災，像有「核電銀座」之稱的福井縣，共有十五座原子爐，在當地長大的女孩，有不少都曾遭退婚，因為她們常被男方問及：「妳會不會生出畸形兒？」或「妳生的小孩會不會有白血病？」等。就算沒核災，核電廠也會持續排出輻射能，這種歧視很難避免，核電不僅有害健康，也會撕裂愛情和人心，早該被廢除了。

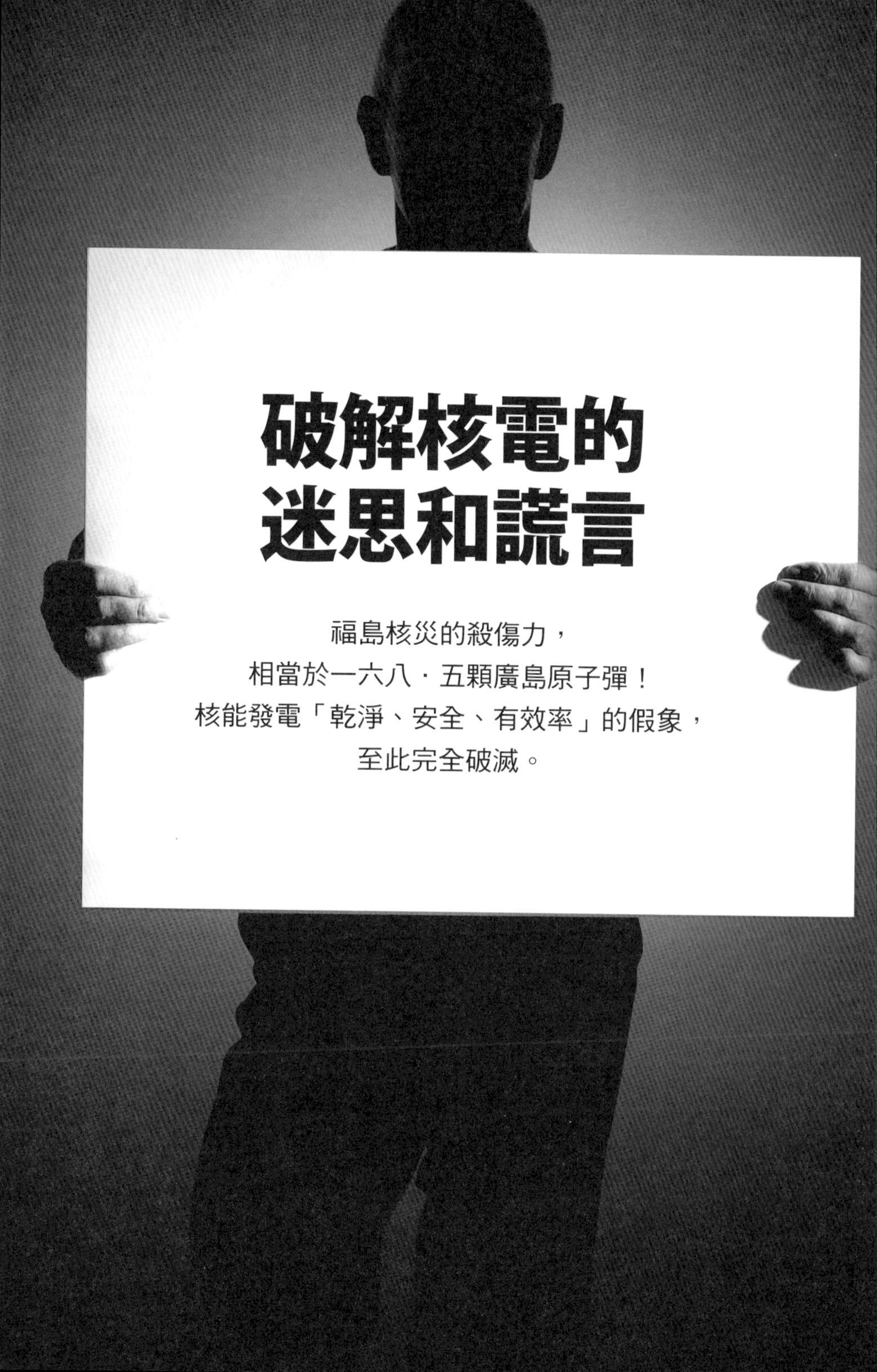
破解核電的
迷思和謊言
福島核災的殺傷力，
相當於一六八·五顆廣島原子彈！
核能發電「乾淨、安全、有效率」的假象，
至此完全破滅。

16

# 輻射的傷害到底有多大？

支持核電的人總是說：「福島核一廠事故，至今也沒死人！」其實看不見也聞不到的輻射，是最沉默的殺手。

日本政府很愛說「當下對健康無礙」，彷彿讓國民每人承擔一百億貝克的輻射汙染也無所謂，只要人沒死在眼前就好，看來即使看見別人的棺材也不會流淚。歐洲輻射風險委員會的巴茲比教授估算，福島周邊在五年、十年後將有百萬單位的日本人會因罹患小兒癌或白血病等而死亡，但因果關係無法馬上證明，搞核電的人不必為了有人因輻射致癌死亡而坐牢，殺人不受罰，因此不悔改。

輻射能無色無臭，看不見、嗅不到，用儀器才能測知，但動輒會讓人致死、致癌，人若遭輻射七西弗，死亡率百分之百。車諾比核電廠事故之後，舊蘇聯即使地廣人稀，在二十年內就有一百萬人因輻射汙染而死亡。

即使沒發生核災，連標準寬鬆而促成核電存在的國際輻射防護委員會都規定人的輻射容許基準是一年一毫西弗，但日本政府卻將這個基準提高為二十倍。

一年一毫西弗的意思是：搞核電的國家，即使沒核災，因輻射外洩而每年會增加致癌率一萬分之一（死亡率二萬分之一），以台灣為例，就代表會有二千人因輻射而致癌、一千人因此死亡。這是搞核電的基本代價，是為了讓核電廠繼續運轉的無奈前提，但政府當局或核電業者都沒告訴人民，大家必須支付這樣的代價。

最重要的是，致癌的都是年輕人，算是死於輻射非命，因為年輕人最易受到輻射影響，從死亡率來看似乎不嚴重，卻影響平均年齡。有核電廠的鄉鎮致癌率高，平均壽命特別短。

雖然日本也有人表示，反正日本人半數都因癌而死，但巴茲比估測輻射汙染嚴重的福島及周邊，將有半數兒童、年輕人可能致癌。年紀大的人遭輻射後的影響少，車諾比核電廠周邊的老人為兒子或孫子出殯成日常風景，福島周邊今後是否也將如此？許多父母哭著說：「希望孩子能活久一點！」免於擔心子女早死的恐怖也是基本人權，有核電或發生核災則沒有這樣的人權！

17

# 人工輻射比自然輻射可怕得多

有人說，自然界本來就存在著輻射線，還說香港的環境輻射值是台北和北京的三至五倍，比核電廠高出好幾倍，這有可能嗎？

環境輻射值依地點不同，的確有點不同，但說三至五倍而沒有具體數值，根本不可信。同樣在香港，地點不同也會有不同的數值。在核電廠中，中央控制室的輻射值跟核電廠外沒兩樣，但是在原子爐附近，或核廢棄物旁，是站幾分鐘就會致命的。擁核的人真的沒根據的話也都說得出來。

雖然某些地區因為有花崗岩，環境輻射值會高一點，但幾代下來，居民在體質上已經適應、接受。雖然自然輻射線並非全然無害，但是跟人工輻射線根本的不同是，生物已耗費數十億年而進化成能與自然輻射線共存，像自然界原本存在著不少的自然輻射線鉀四〇，在人體內代謝很快，即使吸收進體內，也會在短期內排泄出去，不會濃縮在人體內。鉀四〇的濃度，跟許多食物相比，並不會太高。

但人工輻射線大多是近數十年才出現的，人體對人工輻射線沒有基本的防備能力，很容易就吸收到體內，儲存在內臟等地方。人工輻射線中的鍶九〇、碘一二九或鈽二三九，壽命很長，一旦被吸收進入體內，就不容易排泄出去。這些輻射線，在人體內的濃度是環境中濃度的數百萬倍，會對人體造成致命的破壞。甲狀腺癌便是很好的例子，在自然界中沒有放射性碘，碘因此集中濃縮在甲狀腺中搞怪。

因此人工輻射線絕對比自然輻射線毒多了，別相信擁核當局或電力公司宣傳「人工輻射線與自然輻射線沒兩樣」的謊言，他們自己躲人工輻射線躲得遠遠的，遭受輻射的第一線都是可憐的核電工或附近無辜的居民。

核電廠即使沒發生核災，平時也會放出微量的人工輻射線，美、日、加、德、俄等國都有研究顯示，核電廠附近四十八公里乃至一百六十公里的範圍內，婦女罹患乳癌或兒童罹患血癌（白血症等）、齒癌的機率要比其他沒核電的地區高出數倍，而且如果核電廠停機關門，則致癌率也隨之降低，可見人工輻射線的殺傷力有多強。越老舊的核電廠放出的人工輻射線越多，不關廠不行。

18

# 輻射進入體內，危害更大

福島兒童驗尿檢出含銫或母乳含銫，這種「體內被曝」的意思是什麼？對身體有什麼危害？

人體遭輻射汙染，除了身體外部遭輻射線源曝照的體外被曝，還有因吃喝及呼吸而把輻射物質吸收到體內，使得體內細胞遭曝照。體內被曝比體外被曝嚴重多了，但擁核當局都故意忽視這個問題，使得輻射物質隨汙染食物擴散各地，輻射風險輕薄化，責任也隨之模糊化，這種手法在車諾比核電廠事故後蘇聯用過，而現在日本也採取同樣手法。

體外被曝的問題，只要遠離輻射物質，或減少接觸時間，或跟輻射線源隔絕，就可以減輕被曝，但體內被曝的問題是，一旦把輻射物質吸到體內，就要等到從體內排出來為止，人無法脫逃，任憑這些輻射物質在體內惡搞，破壞基因及各種細胞等。

有人主張體內被曝沒關係，指說有些核種半衰期很短，亦即在短時間內便會放出一半的輻射線，但我們無法因此安心，因為放出是放在體內。此外，若是體外被曝，同一個細胞不會被曝好幾次，但體內被曝是同一個細胞可能遭輻射好幾次，殺傷力格外強，也因此同一細胞反覆遭破壞而出現變異，致癌等危險性提高。

國際輻射防護委員會是為了核電存在而制訂輻射容許基準的組織，對體內被曝相當曖昧，而日本政府也為了讓許多汙染食物可以在市場上流通，採取超寬鬆的暫定基準，總說：「輻射汙染度沒超標，沒問題。」強迫國民長期吃喝輻射汙染食品。

事實上，體內被曝為體外被曝的三倍以上，但日本政府不想正視這個現實，都只提體外被曝，日本政府認為沒問題的體外被曝上限是一小時三・八微西弗，而依照目前吃喝呼吸都有遭汙染的狀況，被曝的總量將是：

體外被曝（三・八）＋呼吸（三・八）＋飲食（三・八）＋飲水（三・八）＝一小時一五・二微西弗

若以一個月來計算，則為：

一五・二微西弗×二十四小時×三十天＝一〇九四四微西弗

亦即一個月便達十毫西弗，其後，即使輻射汙染稍微遞減，但一年下來很輕易就超過六十毫西弗，是相當恐怖的數字，比核電工作人員被曝還嚴重，也比日本政府提高的新容許基準的二十毫西弗高了三倍，而其中絕大部分是體內被曝造成的。

19

# 核電廠與乳癌的發生有密切關係

美國有兩位醫師研究發現，核電廠發出的低劑量輻射線是會致人於死的。居住在核電廠附近的女性比較容易罹患乳癌。

在美國或日本的研究顯示，附近有核電廠存在的居民，癌患乳癌的比例比沒核電廠的地區高出好幾倍，而且所謂的附近，是一百六十公里圈內，而不只是幾公里周邊而已。

美國從一九五〇年至一九八九年的四十年間，白人女性罹患乳癌的比率增加了兩倍，古爾德（Jay M. Gould）與古德曼（Benjamin A. Goldman）兩位醫師比較美國所有距離原子爐一百六十公里地區跟沒有原子爐地區做比較，發現有原子爐地區的乳癌率非常高，是其他地區的五倍。從核電廠發出的低劑量輻射線是會致人於死的，這兩位醫師因此寫了《致死的虛構——國家主導的低劑量輻射線的隱蔽》（Deadly Deceit: Low-level Radiation），震撼世界，最近因福島核災發生而再度受到矚目。

全世界的乳癌罹患率從一九九〇年開始減少，但有核電廠的國家如日本、台灣反而上升。日本女性的乳癌死亡率從一九五〇年至二〇〇四年之間，增加了五倍，也有日本醫師研究認為是日本列島蓋了五十五座原子爐所致，核電密度遠超過美國，普通市民平時就遭到比美國更濃的輻射汙染。

我曾專訪過前東芝核電工程師小倉志郎，他表示，以前世人以為要發生像車諾比核電廠事故般的核災，才會有輻射致癌的問題，現在了解核電廠平時放出的微量輻射線也有問題。核電廠的煙囪、冷卻用海水裡，都含有輻射物質，員工作業服都用海水洗，以前很單純地認為讓海水來稀釋就好了，後來才知道即使微量的輻射線也會影響健康，更覺得核電廠不能不全面停機。

台灣在亞洲先進國家中，乳癌罹患率及死亡率排名第二，死亡率也是台灣女性第一位，相較於歐美是停經後罹患居多，台灣患者年輕了二十歲，其他婦癌如子宮癌等也名列前茅，台灣人平常被曝於核電廠放出低劑量輻射的濃度又高過日本許多，像台北在三十公里圈內就有四座原子爐，是否也應追究台灣女性或台北女性罹患乳癌的原因？

# 20 《原子小金剛》漫畫成為洗腦的工具

老少咸宜的手塚治蟲漫畫《原子小金剛》，誤導了世人對核電的印象。後來，連畫家本人都深感後悔。

原子小金剛是Atom，就是原子，而他妹妹是核燃料的鈾，弟弟是輻射元素的鈷，現在這個古典動漫人物都還殘留在日本人、甚至許多亞洲人的腦海中。

手塚治蟲在一九五一年創出原子小金剛的角色，當時是「原子大使」的配角，有雜誌主編去跟他提案把原子小金剛獨立出來，於是《鐵腕原子小金剛》漫畫就在一九五二年誕生。

或許手塚對科學比較有興趣，也對於有關原子能的企畫一拍即合，而原子小金剛與核電的關係，並非偶然。一九五三年，美國艾森豪總統提倡原子能和平利用。一九五四年，當時被稱為「青年將校」的國會議員中曾根康弘，以及《讀賣新聞》創辦人、也是日本原子能之父的正力松太郎，毫無預警地讓日本國會通過了發展核電的預算。前此兩、三年，他們就已經跟美國中央情報局等有密切聯繫，篤定要在日本推動核電了。除了當時認為核電是進步的能源，也有想要製造核武的野心吧！

曾擔任首相的中曾根康弘，在三一一福島核災後為當年推動核電而懺悔，他在接受訪問時承認，原子小金剛動漫是核電宣傳工作的一環，讓日本人從小孩到大人遭洗腦。原子小金剛是正力和中曾根等人推動的核電「原子能和平利用」的象徵，臉蛋可愛的小金剛，體內懷有超小型原子爐，四處飛翔，擁有十萬馬力，為正義而戰，從此小孩子的頭腦被烙印，認定原子能會帶來輝煌美好的未來。至今，許多電力公司都還用原子小金剛來讚揚核電，像福島核一廠附近的鄉鎮，都有「原子小金剛壽司」等。

事實上，核電是汙染環境且威脅國民生活的落後玩意。因鐵腕原子小金剛而奠定地位的手塚，後來也很後悔，一九八六年車諾比核電廠事故發生後，他於八九年曾再三表示自己是反對核電的，拒絕了與核電相關的宣傳，也曾寫過「原子小金剛被罵：『不要把死灰降在我們身上！』小金剛悲哀地喃喃自語說：『我一直自以為是正義的化身』！」但小金剛的確一路為核電宣傳，手塚的公司曾出版過用原子小金剛來專門宣傳核電的漫畫，因此也有人把手塚列為核電A級戰犯，讓手塚迷非常傷心！

21

# 核電充斥著輻射物質與謊言

在輻射最前線接受汙染的，永遠是無奈的核電廠臨時工和附近的居民，以及逃不走的大氣、海洋和土壤。

我認為核電本質就是「輻射物質＋謊言」。不管有沒有發生核災，核電廠都不斷在放出輻射物質讓人致癌，而搞核電的人必須說很多很多的謊話。例如台灣核電廠的耐震係數明明不如福島核一廠，也敢說是超過，這些人到最後連自己在說謊都忘記了，真是壞教育示範。

擁核的人自己不需要遭輻射汙染，他們總是躲得遠遠的，只有無奈的臨時聘雇的核電廠工人或發生核災時跑不掉的人，在輻射最前線接受汙染。核電廠發生核災時，不斷放出會讓人類致癌的輻射物質，汙染大氣、海洋、土壞，毒害生物以及人類食材。即使沒核災，核電廠平時也在排放低劑量的輻射線，用過燃料棒的毒性是一億倍，被歸類為低汙染的輻射廢棄物也常含高濃度輻射線。

核電廠還得說無數謊言，首先如地方民意都是假的，日本爆發九州電力公司偽造民調、聽證會大多安排員工家屬出席。台灣的台電只在貢寮辦個抽籤晚會，就胡說貢寮居民同意。關於核安如地質調查，都遮掩核電廠在斷層上或海嘯地帶的事實不說。建造核電廠時，為了省錢，擅自作不顧安全的改動，例如福島核一廠的緊急發電系統在同一個地下室，或明知會有海嘯來襲，卻沒加高堤防等。核電成本其實是各類發電中成本最高的，卻硬撒謊說是最低。

甚至在發生核災後，當局都沒說過真話。以車諾比核電廠事故為例，當時蘇聯聲稱只有三十一人當場死亡，後來才知道是數百人。各國長年調查，知道因遭輻射汙染而致癌死亡的人已超過百萬人，因為還有很多人無力遷徙，只得生活在汙染環境中，輻射汙染死至今還在增加。

但台灣擁核的幾位專家至今還在說，車諾比核電廠事故只死了三十一人，這些人甚至對福島核災也要扯謊，說福島核災只避難十公里。雖然福島核災至少應該避難一百公里，日本政府做不到，但至少強制二十公里圈內的居民遷移，其他二十至三十公里是有償的自主避難圈，而到四十公里圈有幾個自治體，如飯館村，也是限時強制避難的「計畫避難」。這些專家真的謊言範圍無限大，不僅對自己國家的核電謊言要說，還連別國核電的謊言也得說。

22

# 核電廠如同一座沒有廁所的公寓

支持核電的人都說核電是乾淨能源，然而發電過程中會大量排碳、排熱，還會產生劇毒的用過核燃料，人類至今還沒辦法解決。

擁核者或核電業者大概是必須說謊最多的一群人，說謊也很辛苦，不能不同情他們！福島核災後，世界大部分國家都把核能當作「瘟疫」看待，核電是很髒的事，早已是公開的祕密，「乾淨能源」的說法不攻自破，除了提煉或發電過程會大量排碳、排熱外，如何處理劇毒的用過核燃料，人類至今還沒辦法解決，因此沒資格用核電，那是透支未來的做法，使用核電等於在為子孫出殯，毀滅他們的生存環境！

核電廠不僅在發生核災時會不斷放出致癌的輻射物質，汙染大氣、海洋、土壤，即使沒核災時，核電廠也不時放出低濃度的輻射汙染；更糟的是，用過的核燃料至今找不到去處；燃燒過的含鈽燃料，毒性是燃燒前的一億倍，其他被分類為低汙染輻射的廢棄物也沒去處，那些廢棄物其實含有能致死、致癌的高濃度輻射物。核電產業只想維持核反應，卻不管核反應還會發生無法處理的用過核燃料。

台灣開始用核電的幾十年來，用過的燃料棒也沒地方放，全擠在原子爐上簡陋的燃料冷卻池裡，成為全世界密度最高、也最危險的燃料池，隨時可能引起比福島更嚴重的核災。日本則有小部分用過的燃料棒委託英、法再處理，其他也保管在核島裡，很棘手，這就是核電廠「沒有廁所的公寓」的寫照，亦即在公寓（核電廠）的居民（原子爐），沒有廁所（可儲存用過核燃料的設施），只好跟自己的糞尿（用過核燃料）同處一室，核能是「骯髒能源」。

用過的核燃料等，有國際條約的限制，幾乎無法丟給外國，像芬蘭從上世紀起在地下四百公尺挖掘儲存庫，鈽的半衰期長達二萬六千多年，即使放十萬年，毒性也還有十分之一，非常恐怖。但北歐至少還是數億年都很穩定的板塊，亞洲大搞核電的日本、中國、印度都是地震大國，未來不知道如何永久儲存這些劇毒的用過核燃料。

# 23 核電是很原始、低科技的能源

核能發電被塑造出「乾淨、有效率」的形象，然而核電的一大問題在於燃料毒性很強，根本不是進步的電力。

核電一點也不是高科技的玩意，是製造核彈的人順便拿來發電，因此沒想過燒過的劇毒燃料如何善後。許多日本核電學者或工程師都出面承認核電是很原始、低科技的，不過是「讓核子分裂而生熱燒水，推動渦輪發電」，說穿了就是「水壺燒水」而已。

核電跟別的發電法最不同的是燃料很毒，原子爐重重包裹，很厚重，就只是因為燃料必須隔離而已，所有看得到的核電基本設備都是為了隔離，不讓輻射能外洩而已，但其實也還會有低劑量輻射外洩，因此現場配管等維修核電廠工作人員都有遭輻射的勞災問題，得血癌等比例異常高，這種非要有人遭輻射才能成立的產業，原本就很原始、野蠻。

核電是製造核彈的周邊產品，幾十年來都只想如何讓中子分裂的連鎖反應持續下去，亦即讓核燃料棒裡的鈾二三五不斷反應下去，如何提升這個分裂生熱的效率是最高課題，卻不管核反應後還會產生其他的因素，像燃料棒裡鈾二三八本身不反應，卻會吸收核反應時產生的中子而變成劇毒的鈽，半衰期長達兩、三萬年。這些課題幾十年無法解決，毫無進展，眼看未來也無法解決，搞核電的人其實早已沒資格再搞下去，人類也沒資格再用核電。

尤其核電是以不會發生核災為前提運轉的，是以自然或人都不會帶來失誤為前提存在的，但事實上即使在實驗室裡也會出錯，更何況建在大自然裡，又由最容易犯錯的人類在操作，怎麼會不出差錯？明明就已經闖了世紀大禍，搞核電的人束手無策，後果讓附近數百萬居民及整個社會承擔，有良心的核電專家最後都會反核，因為了解核電是歷史很淺、很不成熟的玩意！

24

# 核能發電的成本是最昂貴的

電力公司錯誤估計核能發電的成本，讓人民誤以為核電是最便宜的能源，完全忽略了背後高昂的代價。

現在全世界的擁核當局或業者，誰也不敢再說核電是最便宜的電力，都只好承認是最昂貴的，連日本也都承認了，核電便宜的神話就跟核安神話一樣，早就崩盤了。只有台灣的台電還在說核電最便宜，看來關於核電，台灣人被騙得最慘！

台電說，核電每度的成本是新台幣〇．六六元，這是少了一個〇或兩個〇的數字。真正的成本是六元甚至六十元以上，而且還賠上了台灣環境及人民的生命風險。

台電發言人甚至大言不慚地說，這是連後端核廢料處理費都包含在內，問題是那些核廢料都還不知道該怎麼處理。拿六千億台幣，內蒙古等地都不願意收，而且從法國超級鳳凰號拆爐的估算來看，拆爐的費用是造爐的兩倍以上，看來只好請台電高層自己忍受高濃度輻射汙染去拆爐，核廢料拿到他們自己家裡去存放了。

即使由推動核電的美國麻省理工學院來計算核電成本，每度也要二·六二元至三·七七元，台電不但沒把建廠成本、燃料成本算進去，連最後拆爐的每爐二千億台幣以上的費用沒算進去，而沒去處的高、中、低階核廢料處理費，更是未知的天文數字。即使後端成本不算，只算造爐成本，也是台電報價的十倍，每度六元。若連後端成本都算，未來躍升到一百倍的每度六十元也不足為奇。關於核電，擁核者把令人致癌的數字少算了數千倍、數百倍，而核電成本也少算了十倍、一百倍。

台電把燃料成本全列入資產負債成本來做帳，每年有數百億赤字，而用地、建廠成本等也是政府用稅金來負擔，當局及台電的天大謊言，是建立在國民血稅上，惡質應加算數倍。

日本媒體及研究機構在福島核災後，相繼踢爆核電成本是天大謊言，核電遠比火力、水力甚至自然能源如風力等還要昂貴，這還不包括原本應投保的保費或拆爐、核廢料處理費，以及給地方的補助金。而核災更早已超出電力公司及政府的理賠能力，日本人民現在才知道長年被擁核當局所欺騙，而失去了更早轉換自然能源的機會。

日本政府在二〇一〇年的能源白皮書還宣稱，核電每度台幣二元，最便宜，並故意把太陽能的成本說成是十六元，但太陽能的成本早已是八元以下。核電的成本早年也跟火力發電同列為三元，一九九九年為了強調成本優勢而突然篡改減為二元。若以核電業者自己提出的建爐申請書來看，發電的原價都超過三．五元，柏崎刈羽五號爐還達六．五元。立命館大學教授大島堅一則根據日本各電力公司所提的上市公司財報算出，單單發電成本就是每度四元，而這都還不包括後端成本！

福島人自己給自己加油。福島的二手車外地人不敢買，外表看來沒兩樣，但都有輻射汙染的疑慮。

福島的小朋友每天只能在戶外玩一小時，有人用繪畫表現福島兒童的處境。

福島縣內高速公路休息站展售的福島產品，但福島產品現在讓人敬而遠之。

福島產與北海道產的番茄一起賣，其實全是福島產的。

福島產與九州產的苦瓜一起販賣，實際上全部是福島產。

黎兒在那須的家紅葉雖然美，但現在有輻射汙染，房產價值幾近於零。

2011 年夏天是省電之夏，結果省了 15 個原子爐的發電量，發現沒原子爐也沒問題。

展開一千萬人廢核連署。

東電在地鐵等都設有顯示用電量的電光板，但幾乎都只用七、八成，顯見發電過多。

東京 611 示威，有人用 cosplay（裝扮）反核。

穿防護服站在低階核廢棄物桶邊。核電本質就是輻射汙染。

14 歲的反核偶像藤波心表示：「政府說的話連對我這中學生都聽不下去了。」

816 銀座示威，在東京電力公司總社前吶喊「東京電力是東京癌力」。

第一次走上銀座街頭的示威。

911 告別核電示威，東京 6 萬人的集會，是戰後日本最大的示威活動。

用海報來反核的熱潮從德國、義大利吹到日本。

911 告別核電示威，大江健三郎說：
「核電帶來荒廢與犧牲。」

京都大學原子爐學者小出裕章指出，福島核災大部分輻射物質都是二號爐放出來的，二號爐是缺陷爐，與台灣核一廠的兩個爐同型。

25

# 核能發電並不穩定

電力公司經常宣稱核電比風力和太陽能發電穩定，但他們從未誠實向大眾報告，核電廠的故障頻率有多高。

電力公司每次遇到發電穩定與否的問題，就故意拿核電跟風力發電或太陽能發電比較，說「沒颳風、沒出太陽就沒電」，其實自然能源只要設置的量夠，自然會穩定。這裡沒風，別處就有風，風水輪流轉，日本已有地方鄉鎮，如北海道苫前町等，靠風力發電自給自足，還有剩餘電力出售，連核電大國南韓也投資了二千多億台幣，發展洋上風力發電。台灣位於亞熱帶，更適合太陽能發電，但政府利用重課稅及低電費制度來限制自然能源的發展。

電力公司動輒拿風力來比較，不敢拿發電效率更好、更安定的天然氣發電來比較。要取代核電，暫時不必靠風力，擔心不足的話，用天然氣過渡就好。現在天然氣發電的機器很精悍，比核電耐用且穩定，只要五個就可發電二百萬千瓦，等於兩個原子爐，而且是低排碳，發電效率六成，是核電的兩倍。核電的發電效率只有三成，而其餘七成是排到海裡的「熱海器」，是破壞地球環境窮凶惡極的罪犯。核電廠其實常常故障，因此東京都已跟東電宣戰，要蓋一座一百萬千瓦（相當於一個原子爐）的天然氣發電廠，打破東電的獨占。

核電是穩定電力的說法有問題，因為核電廠發生事故的機率非常高。福島核災暴露了核電廠致命的缺點：只要冷卻水沒了，核燃料散發的大量的熱便失控，爐心熔毀，輻射物質向外四散。安全技術不確定，供電怎可能穩定？

即使爐心未熔毀，全球的核電廠至今大小事故不斷，但電力公司都發電過多，即使核電廠停機，大家也不知道。很多事故都沒對外報告，像一九七八年福島核一廠三號爐曾發生臨界事故，到二〇〇七年才爆發出來。有報告的部分，日本根據原子力安全基盤機構（JNES）的統計，從一九六六至二〇〇九年度，事故共有七二八件，每年十六件，而原子爐因事故或故障而臨時停止的案例，從一九八一年至二〇〇九年，共有三六八次，每年平均有十二次。

核災發生之前，日本核電廠就因事故或故障等問題，運轉率不到六成，現在日本的原子爐只剩兩成在運轉，有的是在定期檢查無法恢復，也有好幾個故障中。不僅日本，有二十個原子爐、四成靠核電的南韓，在九月中旬突然發生大停電，據說是天氣熱而導致用電增加，緊急限電。其實是南韓核電廠的小規模事故非常多，不時停機，南韓都隱蔽不說。不要說穩定供電神話早就崩潰，要是發生大規模事故就糟了。

26

# 核電是人類無法駕馭的怪獸

日本政府終於承認福島核一廠放出了相當於一六八．五個廣島原子彈的輻射物質。核電比核彈還要恐怖多了！

沒錯，一六八．五這個數字是以放射出的銫一三七的量來計算的。核電雖非核彈，瞬間爆發殺傷力跟核彈不同，但若發生核災，散播出來的輻射物質卻是核彈的幾百倍，甚至幾千倍，當然比核彈更毒。

不管是否發生核災，核電都是人類無法駕馭的怪獸，尤其像車諾比核電廠或福島核一廠，現在活著的成人根本看不到問題解決的那一刻。福島核一廠數十公里圈內是百年都無法復原的，而核電的用過燃料棒無毒化，則是幾十萬年後的事，即使是我們能想像得到的子孫也都看不到。

現在福島核一廠的三個爐、四個池，隨時都可能再出問題，三個爐心不知道跑到哪裡去汙染地下水、海水，而且有幾位員工已證實福島核一廠四處龜裂冒煙，日本政府以及東京電力公司必須開發新的方法才能收拾殘局，而且需要數十年乃至上百年的時間。正如車諾比核電廠經過了二十五年還得重蓋石棺，至今還需要五千人維持，三十公里圈內至今無法讓人進入，當今的世人不可能看到收拾完畢的那一天。

日本政府最近好不容易承認，福島核一廠的三公里圈內，將有數十年人們無法重返家園，一年二百毫西弗的區域要經過二十幾年才可能重返，而一百毫西弗的區域則需十年以上，但這都還是日本政府樂觀估計或想安撫當地居民的權宜說法。即使除卻核汙染，也不知道要將汙染物掩埋在哪裡，而且森林、農地根本無法除染，福島幾乎全毀。

日本發生福島核災，整個東日本遭到汙染，占國土三％的福島等於消失。若這樣的核災是發生在台灣，遭一六八顆原子彈汙染的結果，不僅全島滅絕，而且跟其他環境汙染或許還能設法中和或復原不同，輻射汙染是打不死的，只能從這裡搬到那裡，是永遠無法解決的。核電的恐怖絕對不輸給核彈，是人不能去惹的怪獸。

27

# 別拿排碳當藉口，核電才是最不環保的

核電的原料鈾，在採掘、運輸、提煉的過程中，都會排出很多二氧化碳，而建造、拆除原子爐也得排很多碳。

擁核的人常說：「不要核電，難道要回頭去擁抱煤炭嗎？排碳問題怎麼辦？」或是「為了減碳，應建核電。」這是擁核者慣用的跳躍式的騙人邏輯，千萬別上當了。即使過渡期，也不須用煤發電，我們還有效率好、低排碳的天然氣可用，稍微省電更直接減碳。

早在九〇年代地球暖化問題出現之前，擁核各國從六、七〇年代就已開始大造核電廠，哪有想過環保問題。核電廠才是最破壞環境的，別硬拿暖化來當藉口，減碳不需要由核電來承擔，更不需要由地震大國如日本、台灣等來承擔，像法國沒地震而硬要搞核電是另一回事，但據法國《世界報》報導，連世界核電第一大國法國，最近都因為核電設施發生事故及福島核災，開始檢討要在二〇二五年把核電廠減半。至於全世界排碳最多的美國，自己長年沒建新核電廠，新建計畫也因福島核災而叫停。若真要用核電救地球暖化，怎樣也輪不到地震島台灣啊！

擁核者說「核電不會排碳」，更是天大謊言！核電是用鈾當原料，在採掘鈾、運輸鈾、提煉濃縮鈾或建原子爐時，都會排出很多的二氧化碳，而拆爐及處理核廢棄物時也都得排很多碳。核電是只有在發電瞬間不排碳而已。

核電不僅排碳，排熱非常嚴重，像原子爐大抵每機發電一百萬千瓦，但這只是變成電的部分，原子爐裡其實因核分裂產生了三百萬千瓦的熱，其他的都排到海裡去，亦即每一秒從海裡汲取七十噸海水到核電廠來吸收原子爐裡剩餘的熱，海水因吸熱而溫度上升七度後排回海裡。

一座原子爐每秒排放七十噸上升了七度的海水回海裡，對周邊的生物影響很大。像台灣萬里的核二廠附近海域，海藻、浮游生物死光，核三廠附近海域的珊瑚白化。不僅如此，核電廠會排出輻射物質，即使低劑量也會讓人致癌，而且核電廠附近都會出現畸形巨魚，像台灣核一廠、核二廠附近也都出現祕雕魚。生長在核電廠附近的櫻花也曾出現異常，而日本的電力公司為了妨礙調查，故意把櫻樹鋸掉，核電是在破壞地球而無法拯救地球的。

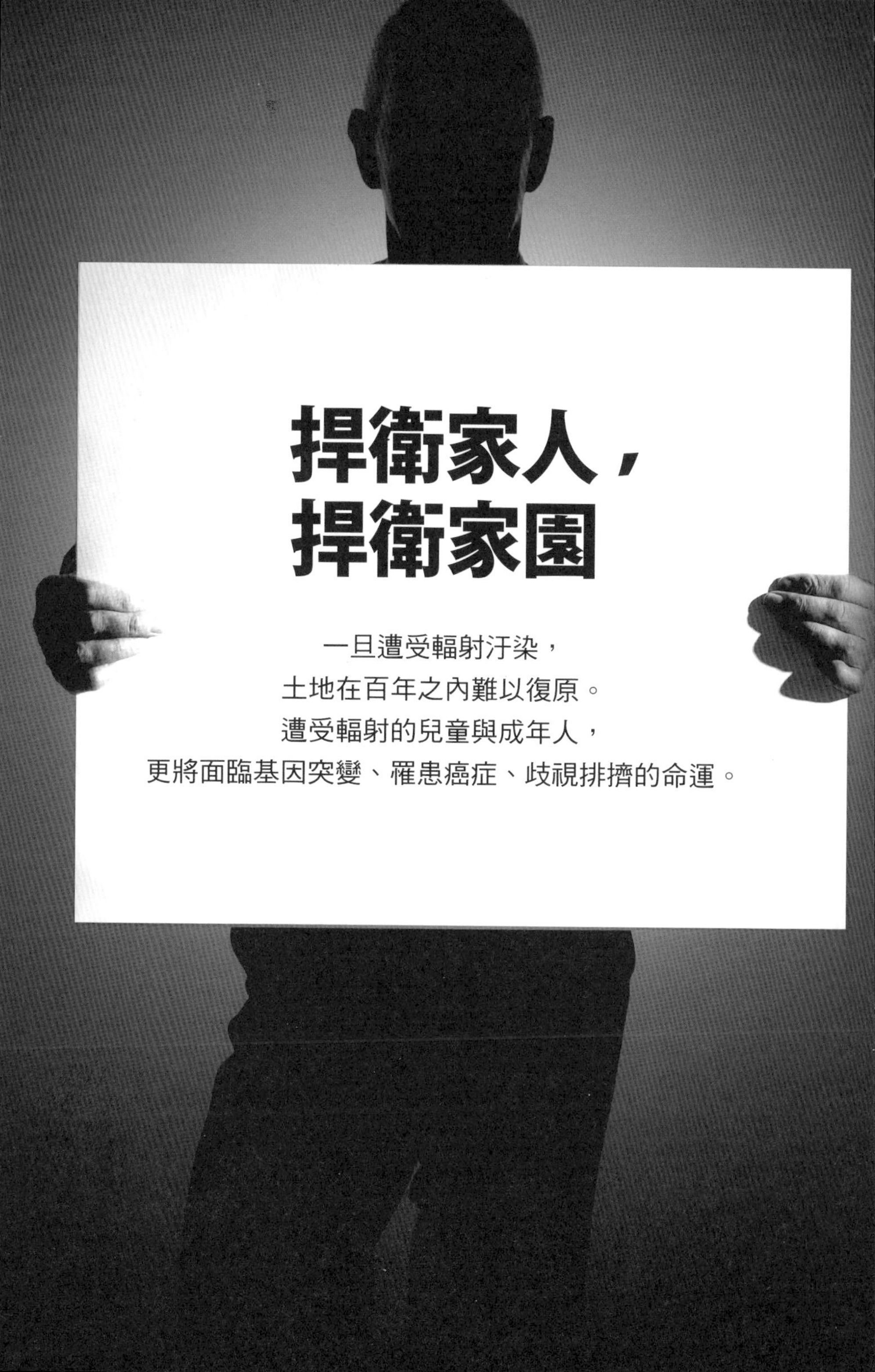
捍衛家人，
捍衛家園
一旦遭受輻射汙染，
土地在百年之內難以復原。
遭受輻射的兒童與成年人，
更將面臨基因突變、罹患癌症、歧視排擠的命運。

28

# 兒童更容易受到輻射的傷害

成長中的兒童，最容易受到輻射能的影響。兒童因遭輻射而致癌死亡的風險比成年人高，常導致白髮人送黑髮人的悲劇。

日本人雖常說「小孩是寶」，但核災發生時，首先遭殃的就是小孩！福島核災至今最令人心疼的就是至少有八百多名福島兒童流鼻血，其他則有小孩驗尿含銫，抑或受檢兒童有半數甲狀腺遭輻射碘汙染等。雖然日本政府在遭受各界批判之後，決定努力透過鏟土等措施來改善、降低學校的輻射量，但福島兒童並非只有在學校八小時遭受輻射，其他時間也生活在高汙染環境中，而且，只能吃喝汙染食材或呼吸輻射空氣所造成的體內遭輻射更是可怕。

體內細胞分裂最頻繁的小孩，比成年人更容易受輻射線影響，一般認為是三至十倍，年紀越小越受影響。日本過去曾以「兒童新陳代謝活潑而輻射感受性高」的理由，廢止了集體照胸部X光。從廣島和長崎原子彈被爆者的調查顯示，兒童因遭輻射而致癌死亡的風險是成年人的二至三倍，而最容易受影響的是胎兒，孕婦若遭輻射，胎兒出生後可能罹患白血病等癌症。

兒童若吸到輻射碘，會集中於甲狀腺，因此車諾比核電廠事故後，該地區得甲狀腺癌的兒童增加。銫一三七集中在肌肉，比較不會致癌，但從含銫可以推斷有鍶九〇，或若測出鈽二三九等就很棘手，尤其鍶會讓人體誤認為是鈣而蓄積在骨骼內，破壞造血機能，導致小兒白血病，而如果有鈽附著則會得肺癌。

日本政府至今還在說，遭輻射未滿一百毫西弗的致癌風險未經確定，但是就連最寬鬆的國際輻射防護委員會都承認，一百毫西弗以下也有致癌的可能。因此應該讓最容易受影響的小孩減少遭輻射的機會。

曾診察過六千多名廣島被爆者的醫師肥田舜太郎認為，鼻血、下瀉等是遭輻射汙染的病狀，但是現在福島的醫院經政府指示，不承認這些病狀是輻射能造成的，肥田從廣島被爆者在半年後出現倦怠病的經驗研判，福島人從秋天起也會開始傾訴有倦怠感，兒童更難倖免，數年後也會發生兒童致癌比率高升的情況！

29

# 核電不會只傷害小孩

每次提到核災造成輻射汙染，都說最容易受傷害的是兒童，難道成年人沒關係嗎？

成年人當然也會受輻射的傷害，只是小孩子更脆弱，如果生活環境與食物等對小孩沒問題的話，成年人自然也沒問題。成年人也會受到傷害的，只不過成年人發病比較慢。

九月十九日告別核電的六萬人集會中，反核藝人山本太郎不斷呼籲：「要守護小孩！也要守護大人！」事實上大人更脆弱，因為家園遭輻射汙染剝奪，不時有人因此自殺。輻射汙染不僅會造成心病，也會使成年人致癌，有些四十六歲以上才得甲狀腺癌的例子，就是遭輻射汙染的結果。

日本有輻射醫學團隊到車諾比核電廠事故後的白俄羅斯地區進行調查，發現事故發生一年後，成年人罹患甲狀腺癌的案例逐漸增加，增加率雖然不及兒童，但件數本身非常多，在車諾比核電廠事故之後的十年中增加了五倍，十八年增加至十倍。連醫學界都一直認為兒童是主要危險群，很容易罹患甲狀腺癌，但發生的件數成年人增加很多，而且是隨著年齡增加而增加。

要防止罹患甲狀腺癌，最重要的是核災發生後不要遭受輻射，逃離核災的輻射範圍，必須全身包裹嚴密。若無法順利逃離，還不如暫時躲在室內，冷靜等待救助，門窗關閉緊密，所有縫隙都塞住，最好服用碘片。

關於碘片，每個國家的做法不同，日本是根據世界衛生組織設定，有遭到一百毫西弗輻射的可能時才讓居民服用碘片，但法國在二〇〇九年時已經把一百毫西弗的標準降低為五十毫西弗，至於兒童、孕婦、哺乳的母親更只有十毫西弗。

日本這次是在核災爆發五天後，才勸導二十公里圈內的居民服用。法國輻射研究獨立機構 CRIIRAD 認為日本政府的動作太慢，應該馬上將發放碘片的標準擴大到一百至一百五十公里的範圍，福島核災的確連一百公里圈內的輻射汙染也很嚴重，五年內必定會開始有大批甲狀腺癌手術等著。法國核電廠附近的鄉鎮都發放備用碘片給居民，每五年更新一次。美國在三一一之後也隨即對整個關東地區的美軍及其眷屬，以及日籍工作人員發放碘片，並在三月十七日對美軍家屬發出撤退勸告，甚至包機協助他們離開。

30

# 為了孩子，舉家遷徙

當福島和關東的兒童驗尿發現有銫，日本父母只要有辦法都帶著孩子移居他地。問題是，還有許多家庭走不了。

核災後，稍有經濟能力的家庭都搬家了，有的家庭則因工作有地緣關係，無法離開。許多家庭是讓妻子帶著子女疏散到鄉下老家，盡量遠離福島或北關東等輻射汙染的熱場地區，但這些不在三、四十公里圈的日本政府指定避難區內，因此沒有任何補助或協助，只能自力遷居。

這樣的遷居常造成家人離散，夫妻因分離過久而感情疏離，許多男人抱怨「妻兒一去不回」，有些家庭原本以為是短期疏散，但輻射劑量是累積的，若不積極除卻汙染，把輻射汙染物質拿到外地去，或取得未遭汙染的水或食材，還是無法安心帶小孩回家。

有些父母乾脆搬到生活比較容易而沒有核電的沖繩去，沖繩因為偏遠，遭汙染的食品較少，如日本唯一沒發現輻射牛的地區是沖繩，但有些東北或關東地區的腐葉土等嚴重汙染汙泥，卻被當作肥料出現在全日本各地，連沖繩也難免。看來即使搬到外地去，要維護小孩的健康也相當困難。

福島之外還有些輻射汙染的熱場，原本是高級住宅區，如千葉縣柏市、松戶市或東京江東區、文京區、台東區等，結果也不適合有幼兒的家庭居住。不少剛貸款買了房的年輕夫妻，轉手就要賠很多錢，而且輻射熱場的房子根本沒人買，非常悲慘。雖然跟行政機關陳情要求除卻汙染，以及營養午餐應注意產地等，但沒有下文，年輕母親測出母乳及孩子尿含銫，在等待政府對策時，親子持續遭受輻射，因此雖然經濟困窘，也只好遷居外地。有些父親盤算，若小孩上小學時環境還沒好轉，也只好辭職，到關西等地區另外找工作，對三、四十歲正全心發展事業的夫妻而言，雖然是非常嚴酷的選擇，但也只好接受核災改變的命運，否則無法保護最容易遭輻射影響的小孩。

# 31

# 東京齋藤一家的生活

有幼兒的家庭，確實感受到核災的深刻影響。面對輻射汙染的問題，他們擔驚受怕，食衣住行各方面都傷腦筋。

我自己算超級幸運，小孩都長大了，受輻射的影響較低，但他們常在外用餐，讓我很擔心，因為餐廳用的材料沒說明來源，進貨食材越便宜越好，大抵會採用許多高輻射汙染地區的食材。若家裡有幼兒，煩惱更多了，像我的朋友齋藤有兩歲和五歲的小孩，每天擔驚受怕。

三一一災後，齋藤的妻子帶兩個小孩回大阪娘家避難到六月底才回東京，齋藤在公司不敢說，而且妻子為了避難辭掉研究員工作，改在家接零星的委託研究，論件計酬，家計很受影響。更傷腦筋的是，五歲小孩去上幼稚園，一週兩天便當、三天營養午餐，因為東京市為了鼓勵福島，在營養午餐積極引進福島產食材，喝的牛奶也都是櫪木等輻射熱場區的牛奶，雖未超標，但輻射劑量偏高，妻子向園方爭取五天都帶便當，而且不喝牛奶，有老師不以為然，也遭到其他家長抗議，而且孩子在班上處境困難，所以妻子乾脆不讓孩子上幼稚園，在家裡自己教，每天祈禱在小孩進小學就讀之前，齋藤申請轉調關西能成功。

齋藤在東京日本橋附近上班，妻子要他每天去島根縣特產店買產地直送的牛奶和豬肉，但最近島根縣有十五戶畜農買了福島牛，其中有兩戶的牛糞堆肥含鈽超標嚴重，達二千七百貝克，讓齋藤嚇死了，不知道今後要買哪裡的牛奶才好，或許只好改喝豆漿，許多家庭都這麼做。最近他們去岡山旅行，扛了蘿蔔、白菜回東京。

假日帶小孩去附近公園散步，要叮嚀小孩不能溜滑梯、不能觸摸樹叢、不能撿掉在地上的東西，神經很緊張，但這些是高輻射汙染地帶，不小心中標划不來。現在日本政府官僚都在建議，要在關西成立副首都，分散東京機能與風險，這樣大批官員便有藉口可以全家遷居到關西較無輻射汙染的地區去，畢竟有幼兒的家庭連在東京日子都不好過。

32

# 日本媽媽的奮鬥

為了避免孩子遭受輻射汙染，日本父母費盡心思，監測環境中的輻射值、慎選每日吃的食物，而有些更被迫遷居外地。

照顧及保護兒童，是當前最重要的問題。核災發生後，許多日本人問我：「妳的孩子幾歲了？」我只好透露我不想說的祕密，說：「都超過二十歲了！」他們連聲說：「恭喜！恭喜！」

因為現在有幼兒的家庭，在日本實在不知道要如何生活，不知道要吃什麼，不知道是否要讓小孩在室外玩耍，還有懷孕的年輕媽媽擔心生出畸形兒，精神衰弱到只好去墮胎，也有年輕夫妻延後懷孕等。核災造成的輻射汙染，嚴重影響人心以及日常生活，讓許多媽媽每天都得跟輻射汙染奮鬥，福島核一廠至今每天都還在大量放出的輻射物質開始侵蝕人體。

現在，最苦惱的是住在福島縣或附近高輻射汙染劑量的熱場的家庭。六月中旬我去了福島縣，有些父母跟我表示，小孩經過下瀉、口內炎（破嘴）後流鼻血，最近則身體出現紫斑，這些是孩子遭輻射的初期症狀。日本在核災後，把每人一年容許的被曝劑量，從一毫西弗提高為二十毫西弗，而且不分大人小孩，小孩受影響程度是三倍以上。事實上，距福島核一廠六十公里外的福島市，有些學生的通學路程超標數十倍。有幼兒的家庭為了孩子，只好避居日本的其他地區，或是媽媽帶孩子回娘家等，許多家庭遭輻射能撕裂，但有誰想讓自己的子女未來致癌或有怪病發病！

不只福島，東京千葉縣的流山、柏、松戶等市或東京，也有些高輻射熱場出現，因此許多家庭最想要的禮物是精準的輻射偵測儀器。許多媽媽連署要求住宅區或學校加設偵測輻射站、魚類必須標明捕魚地點而不是上岸地點等、抗議營養午餐採用福島縣等產品，並抗議那些睜眼說不痛不癢瞎話的御用學者在媒體上的發言。

33

# 高級日本牛成了輻射牛

核災後，有數千頭輻射牛的肉流入市面，吃了對健康有害嗎？現在日本人吃東西跟三一一核災之前有什麼不同呢？

許多福島牛，乃至周邊數縣精心畜養的名牌牛，現在的確測出含輻射物質的銫，甚至達每公斤四三五〇貝克，高達日本所謂暫定基準的九倍。牛肉遭輻射汙染不足為奇，讓日本國民感到震撼的是，原以為至少在市面上流通的食品不會超標，但事實卻非如此，今後大家更不知道要吃什麼了。有的超市或餐廳只好自主檢查，否則乏人問津。

核災之後，福島周邊數縣及太平洋岸都遭到汙染，日本政府無力全面賠償，只好讓農家在汙染的土壤繼續耕種，或讓漁民繼續捕魚，而且為了讓這樣的食品能在市面上流通，把容許的基準大為提高，稱為「暫定基準」。例如水或牛奶等，含銫限度從每公斤一貝克提高至二〇〇貝克，超過美國的基準值〇．一貝克或WHO的五貝克很多，肉、蛋、魚或蔬菜的基準提高至五〇〇貝克，魚類含碘限度還提高至二〇〇〇貝克。而且，有些超標牛奶被混充到普通牛奶中，以降低輻射值，或在福島抓的魚改在宮城、千葉上岸，這在以前是屬於偽裝產地的犯罪行為，但現在日本政府只好睜一隻眼、閉一隻眼。

安全基準一下提高了幾百倍，早就不安全了，許多主婦都努力去尋找關西或九州等地的食材。

雖然日本政府宣稱超標銫牛每天吃也沒什麼大不了，但問題是每天要吃的不只牛肉，還要吃到許多高標或輻射混合、產地偽裝的食品，或要呼吸高輻射劑量的空氣，怎麼會對健康無害呢？銫本身或許危害不大，但含銫就表示含有其他難測棘手的輻射物質如鍶等，會長期積存體內，造成病變。輻射汙染是不會當場死人的，而是數年之後才發病致癌。日本政府老是不負責任地說：「當下對健康無害！」這句話已經成了二〇一一年被譏諷最多的笑話，可以得流行語大賞了。

# 34 輻射汙染大恐慌，日本人吃什麼？

日本的食品還能買嗎？如果土壤、海洋都遭汙染，到底什麼東西才能吃呢？在日本買菜，都買些什麼呢？

核災後，我每天都為了要買什麼菜傷腦筋。像大量輻射牛流入市場，除了沖繩之外，全國各地都有，無孔不入。其實牛肉最沒問題，因為每頭和牛都用鼻紋管理，跟指紋一樣，出生起就有戶口，還能追蹤養牛戶等牛的身世，要管制輻射牛很容易，反而雞、豬、魚貝或牛奶、蔬果問題更大，最高原則就是產地離開福島核一廠所在的關東圈越遠越好，完全顛覆我至今買東西買越近越好的概念！

現在日本主婦也不相信日本政府，因為御用學者大言不慚地說：「我沒說是安全的，但可以安心！」不安全的食品，如何安心？許多福島農家自己表示：「現在誰也不想買我們的蔬果，這是當然的，我也不想給我的小孩吃呀！」

核災之前，我只買日本國產食材，認為是最健康、安全，進口食品添加物過多，像蔬果必有防腐劑，尤其中國黑心食品、毒菜問題在日本鬧大，讓人對進口食材更不安心。即使日本國內產食材，我原本也是能盡量買東京附近的東日本產的，不要買搭火車、搭飛機來的食材，那樣最新鮮也最省能源。但核災後，這些概念全遭顛覆。

專家們認為豬牛等只好盡量買外國的，如澳洲牛、丹麥豬等，或較遠的鹿兒島豬、沖繩豬等，雞肉國產比例高，最好不要買；魚類選日本海、北海道或九州產，不買日本太平洋岸產的，牛乳更需要看產地，但現在混入輻射奶的牛乳或乳製品不少，所以我只買豆乳，乳酪等則買外國產的。

最荒謬的是稻米，因為賠償不起，政府只好讓農家在汙染土壤耕種，連農家自己都很不安，表示：「我們是引阿武隈川的水來灌溉，政府規定這裡的川魚不能吃，卻要我們耕種汙染米，不懂！」許多農家表示自己種出來的東西不會想給孫子吃，也不會想給消費者吃。我以前愛買當年新米新茶，但現在卻開始儲存去年度舊米，在家裡發現還有過期綠茶而開心不已，美食觀念也完全遭核災顛覆！

35

# 日本進口的食品，哪些可以吃？

許多人很喜歡吃日本產的水果和糕點，但現在有輻射汙染的問題，到底哪些可以吃？哪些不能吃呢？

現在買日本食品要非常小心，雖然並非全都有問題，但許多產品因為日本政府一下把人體輻射汙染容許劑量提高到災前標準的二十倍，食品輻射劑量的上限也跟著提高，許多產品即使未超標，但也高得嚇人，不買是正確的。雖然日本政府或業者表示那是「風評受害」，但明明汙染劑量相當高，消費者不買才不至於實質受害而體內被曝，說是「風評受害」好像是別人冤枉了這些產品，其實一點也不冤枉。

日本外務省在輻射牛問題爆發之後，終於在八月上旬照會各省廳，表示日本今後不能對外國宣傳「日本流通的食品是安全的」，因為「沒有出示明確的根據而強調安全，會給國際間不誠實的印象」。外務省也承認，現在汙染問題除了牛肉之外，也擴展到米、乳產品等，各國當然會不安。

來自日本的東西，究竟哪些能吃？哪些不能吃呢？主要看產地，像出產蘋果的青森雖然同樣在東北，離福島核一廠有三百公里，加上地形、風向的關係，較未遭輻射汙染。蘋果本身也跟茶葉或葉菜類不同，較不會累積輻射，青森蘋果也是我家災後重要的水果。

至於其他各種蔬果、魚貝產品等，盡量買關西、九州、四國產，像我去京都旅行，抱了兩條京都產大苦瓜、數條小黃瓜，以及大量魚漿製品、山椒小魚、宇治綠茶等回東京，在京都時也拚命吃岡山葡萄與和歌山水蜜桃，以及京都產抹茶類甜點。菇菌類最易吸收內藏大量輻射物質，我買乾香菇或鮮菇更是要確認是九州產或四國產、北海道產的才買，小魚乾、海帶苗則買德島等瀨戶內海產的。這些地區的食品基本上未遭汙染，收割後處理還是比中國等會濫用防腐劑安全可靠多了。

36

# 災區農作物成了輻射廢棄物

日本人一向酷愛新鮮的食材，但福島周邊的土壤遭輻射汙染嚴重，今年新收成的農作物，人人避之唯恐不及。

日本人對於食材，不僅是魚貝，連植物食材都非常講求新鮮，但是今年的新茶、新米、新蕎麥等卻不同了。靜岡和神奈川的新茶都有查出超標，讓人對關東的新茶敬而遠之。買茶都只確認產地，享受新茶的樂趣減少了。

日本每年到了九月都會四處貼出「新米使用」或「新蕎麥使用」，但今年從很早就有人囤積舊米，因為擔心新米有問題。雖然各縣擔心遭消費者排拒，表示要檢查而不會讓超標米在市面上流通，問題是即使沒超標，米是主食，只要含銫數十貝克，更不用說是數百貝克，誰也不會想吃。

福島縣裡有的土地，土壤測出含銫三千萬貝克，其他也有數萬至數百萬貝克，日本政府應更早測量、公布結果。雖然擔心稻米會吸收土壤的輻射物質，日本在四月禁止土壤含銫五千貝克以上的農田播種，但土壤汙染的調查結果直到八月底才公布，那時農家早就播種了，超標米難免，而人們擔心這些輻射米會被混在其他米中出售。

日本政府又用老套來欺騙國民，讓御用東大教授在電視上說：「即使含銫五十貝克，每天吃也對健康無礙！」問題是東日本居民不僅要吃輻射米、輻射菠菜，還要吃輻射魚、輻射肉，喝輻射水和輻射牛奶。

更令人擔心的是，許多不大檢查的食物，尤其容易吸收輻射物質的菇類等，有福島農民拿去政府機關檢查，但遭拒絕，政府表示業務過多。現在只好由民間自主成立輻射檢查站，結果發現許多食材都超標嚴重，例如距福島核一廠有八十公里的伊達市，農民送檢的菇類居然高達七千貝克。九月上旬，福島縣自己檢驗出該縣棚倉町野生菇類高達二萬八千貝克，超標五十六倍，根本是輻射廢棄物，而非食物了。其他我最愛吃的蕎麥麵，日本的最佳產地就是福島，往年秋天還會為了吃新蕎麥而趕到福島去，今後只好吞口水回憶了。

# 37 天皇家的餐桌

**日本天皇夫婦到福島探望災民，為了體恤農家，還買了福島的蔬果回東京，但那些食材其實有輻射汙染的問題。**

二〇一一年七月下旬，天皇夫婦到櫪木縣那須町的御用邸度假，亦即避暑行宮，而八月中旬德仁太子與雅子妃以及小公主愛子也曾去那須度假，並和弟弟秋篠宮一家在那須會合。大人還好，但對十歲的愛子或秋篠宮家五歲的小親王悠仁來說，其實不是很好的環境，宮內廳應該是已經除卻御用邸室內外的輻射汙染。

那須離福島核一廠雖有八十公里，卻因風向和地形的因素，屬於一小時〇．六至一毫西弗的高輻射劑量的熱場，我那須的家離御用邸不遠，約是一毫西弗，又在松林裡，劑量更偏高，害我不等幾年不會想去。台灣醫院X光室等輻射線管制區域的劑量是〇．六微西弗，車諾比核電廠事故時，強制遷居的基準是一年五毫西弗，亦即一小時〇．五七微西弗。那須的輻射劑量已超過這個基準，但天皇、太子、皇子三個家庭為了安定人心而照常到此度假。

那須御用邸有著廣大的林地，身為植物學家的昭和天皇，生前每年會去住兩個月，而明仁天皇夫婦往年也會住個兩、三週，但這次只住四天，雖說是御用邸因地震還沒修復，但也是擔心讓天皇夫婦被曝過度。宮內廳發表，這次天皇沒喝御料牧場的那須牛乳，雖說是製乳器壞掉的緣故，但多少也是因為美味的那須牛乳也遭輻射汙染了。

宮內廳在櫪木縣那須等地，有專用的御料牧場，主要產有乳品及豬、牛、雞或香腸等肉類加工品，以及番茄、生菜、蘿蔔等二十四種蔬菜，每週送兩次到東京供天皇家食用，像愛子就很愛吃香腸或小番茄等。天皇家不大吃生的東西，昭和天皇不吃生魚片，習慣傳承至今，御料牧場來的食材很重要，但現在核災影響最嚴重，櫪木、茨城等北關東縣市常會測出超標食材，即使未超標，輻射劑量也偏高，顯然對天皇家餐桌影響重大。

天皇夫婦為了體恤福島農家的困窘，從那須返回東京時，還特地買些福島蔬果帶回送給還沒去那須的皇太子及皇子秋篠宮兩家，但含輻射物的蔬果，大人偶爾吃一點還好，愛子或悠仁等皇孫還在成長中，基因最容易遭輻射物破壞，是不適合食用的。

# 38

# 現在還能到日本觀光嗎？

許多人都很喜歡日本，但核災過後，還能安心帶孩子去日本旅遊嗎？去的話，該注意哪些事項？

到日本旅遊，要看去什麼地方。有小朋友的話，最好避開福島附近地區，以及高輻射劑量的熱場，我比較建議大家到關西的京都，或是四國、九州、沖繩等地去旅遊，因為沒有餐飲輻射汙染的顧慮，才能盡情享受，滿喫日本風物、美食及購物。若在東日本，連深呼吸都很猶豫，觀光也不痛快！

現在福島附近的幾處觀光景點，如那須、會津若松、猪苗代，甚至世界文化遺產的日光等，觀光客少到僅剩一成。日本媒體報導「三一一震災終可見復興曙光」，福島、櫪木縣等觀光業者每聽到這樣的話，都會憤怒地發抖，因為觀光陷入了空前慘狀，許多業者表示能體會白虎隊在福島的會津若松自殺的心境了。國際古蹟遺址理事會（ICOMOS）送給日本災區的禮物——將以中尊寺為主的岩手平泉登錄為世界文化遺產，然而現在中尊寺的表參道、金色堂等也是輻射嚴重的超級熱場。輻射抹煞了這些有美景或歷史文化的鄉鎮。

我自己在那須高原有一個家，原本會去避暑或滑雪，有五棵自傲的櫻花樹，但現在那須輻射劑量是東京家的七至十倍，最近稍微降低，但附近有的地方依然接近一小時一微西弗，沒事不會想去遭受輻射，而且以前我去，能享受當地的美味高原蔬菜、那須牛及乳品，但現在則喪失了這樣的樂趣和動力。

雖然到日本觀光跟長期居住不同，但不知情的小朋友常偏愛在輻射物質最易累積的樹叢或雨水管下摸東摸西，令人擔心，而且東京如台東、葛飾、江東、足立等幾區是劑量較高的，不能不注意呢！

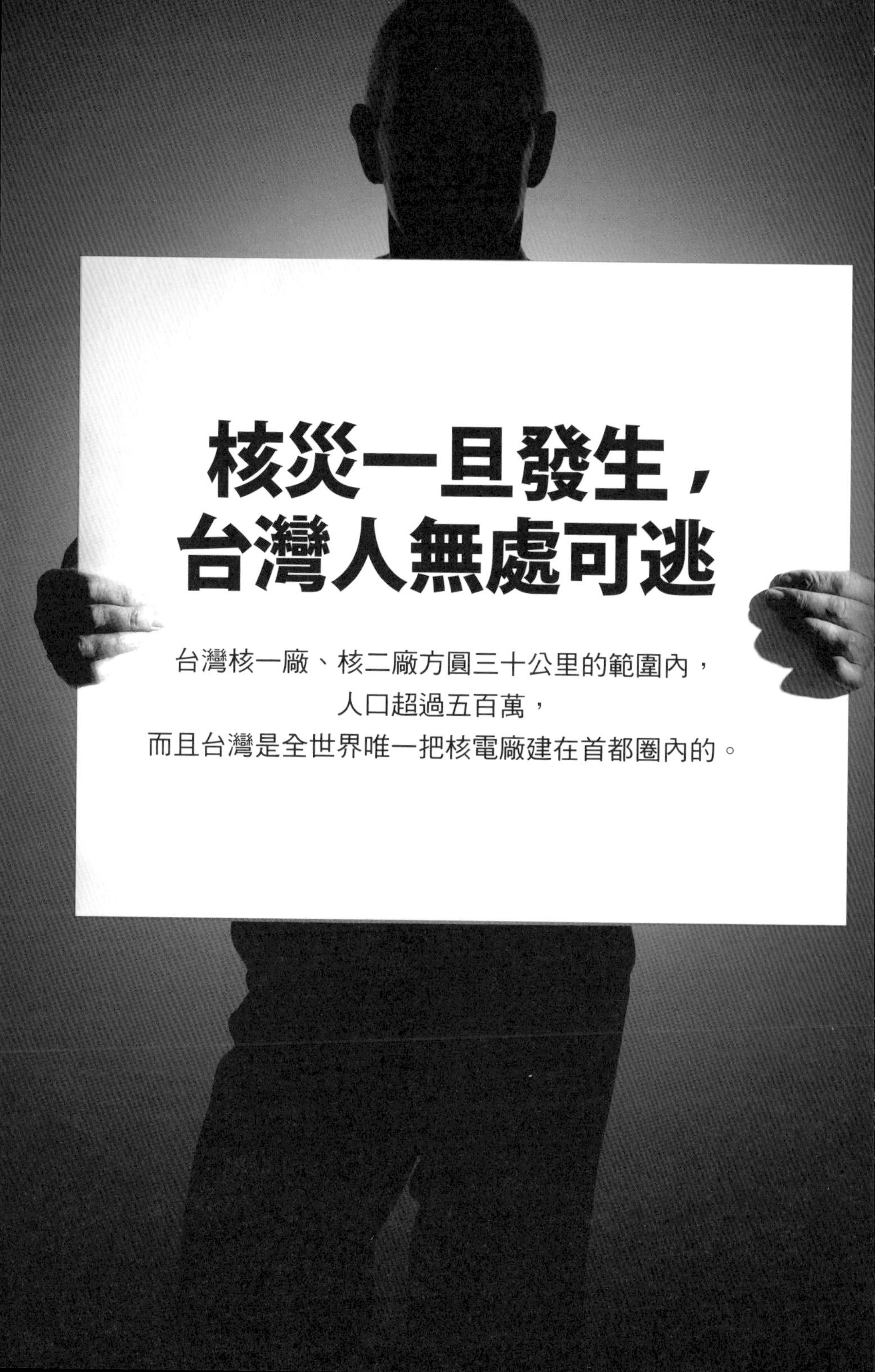
核災一旦發生，
台灣人無處可逃
台灣核一廠、核二廠方圓三十公里的範圍內，
人口超過五百萬，
而且台灣是全世界唯一把核電廠建在首都圈內的。

39

# 核災避難的距離，連一百公里都嫌少

在距離福島核一廠一百公里之遙，都還測到高濃度的輻射值。台灣政府規定核災的避難範圍是五公里，這怎麼夠呢？

避難範圍五公里當然不夠，而且差太遠太遠了，台灣「緊急應變計畫區」以五公里為核災逃命圈，原能會若不是無知無能，就是太輕忽台灣人的人命了。

雖然台灣原能會認為車諾比核電廠是石墨水冷反應爐，才需三十公里避難圈，而台灣是輕水式反應爐較安全，但日本福島核一廠也是輕水式反應爐，發生核災時只是方式不同，也有類似核爆的核反應，散播的輻射物質量超過車諾比核電廠，比原子彈核爆嚴重多了，還不斷在飛出累積中，不僅日本政府強制的三、四十公里圈必須避難，整個福島縣及周邊地區都比台灣醫院輻射管制區的輻射基準還高，許多專家呼籲原本被認為相對安全的地區，如會津等，也要避難才行。

最近在福島地方法院會津若松分院的排水溝汙泥，測到每公斤十八萬貝克的驚人數字，雖說排水溝原本就是輻射物質最易聚集之處，但會津離福島核一廠有一百公里遠，輻射汙染都這麼嚴重，歐洲輻射風險委員會祕書長巴滋比到會津大喊吃不消，呼籲不避難不行。

他表示，未來福島人致癌與核災關聯的訴訟，他一定會作證，但他拒絕到福島出庭，而用錄影帶，因為福島全域的輻射劑量太高了，而且百年難改善。

台灣擁核人士居然至今還敢說福島核一廠避難只有十公里的謊言，而政府也沒想修訂五公里避難規定，事實上修訂也沒用，因為政府也沒有針對五公里圈有任何準備。避難圈的三項基本條件是碘片、大量巴士與避難所、精密的風向及輻射物飛散預測。台灣核電廠五公里圈內，里長只有碘藥水，連碘片都沒有，更遑論有其他準備。沒有這三項，等於船上沒救生艇，甚至連救生圈都沒有，到時候台灣人只有自尋活路，必將引起重大社會混亂，這種核電廠還能讓它運轉下去嗎？

40

# 台灣有全世界最密集、最危險的燃料池

台灣的核電廠問題重重，比起日本不遑多讓，這使得專家認為台灣是下一個最可能發生核災的國度。

台灣的核電廠除了沒核安可言，更根本的問題是沒辦法處理用過的核燃料，因此原本沒有使用核電的基本資格。累積一萬五千多束劇毒的用過核燃料，宛如綁了三千多噸的核彈在台灣人脖子上。但台電從不提這個世界最密集、最危險的燃料池問題，不顧台灣人死活。

東芝前核電工程師小倉志郎是專門設計燃料冷卻池的，他對我說：「按理，不需要反核，因為各處核電廠的燃料冷卻池現在都爆滿了，新的用過的燃料棒根本沒去處，無法更換，核電廠就無法運轉了！」

剛用過的核燃料因為含鈽，毒性是沒用過的一億倍，毒性要十萬年才會逐漸消失，最初要不斷放在燃料冷卻池降溫，日本雖然還有送到英、法去處理，但也是爆滿。日本列島早已成為核廢棄物列島，用過燃料棒有五萬九千束，重達一萬三千五百三十噸，非常可怕，因此東電急於在下北半島建立中間儲存池。

但是台灣的情況更恐怖，用過核燃料找不到去處，也無法送到英、法處理，從一九七八年啟用核電廠以來，三處核電廠的用過燃料棒，都放在原子爐上方的燃料冷卻池，而且超級爆滿，密度是世界第一，核一廠燃料池有五五一四束，核二廠七五四四束，核三廠有二四〇一束，全部一五四五九束，核一、核二廠池內，束與束都快碰在一起了。

台電聲稱這不會發生核反應，當然是騙人的，原本燃料池設計只能放二、三千束的份量，是為了定檢或更換燃料時暫放的簡陋設施，上面是輕薄的屋頂。因為燃料池密度過高，不要說是從上方丟炸彈或飛機失事，只要稍有擠壓或有異物從池子上方掉下，即使是一顆保齡球或工具等掉入，壓到燃料棒，使燃料棒破損，就可能造成核反應，池裡燃料棒的密度越高，發生事故的可能性越高。

再者，燃料池若缺水，雖不會直接有核反應，卻會釋放出致死的高度輻射能，整座核電廠的人員都須撤離，無法管理，會引發其他核反應等失控的大核災。

許多國際專家認為台灣的核電廠是全世界最危險的，台灣是下一個最可能發生核災的國度，但他們都還不知道，台灣核電廠的燃料冷卻池也是世界危險的。

41

# 天下沒有安心安全的核電，台灣別冒險

恆春居民在核電說明會上要求原能會，針對建在斷層上的核三廠給他們能安心的安全保證，但原能會代表無言以對。

政府當然無法保證核電安全，因為天下沒有安心安全的核電，尤其台灣的核電，集聚了所有危險因素於一身，有專家曾當面對我說：「Next, Taiwan!」亦即台灣最可能是發生核災的下一站。

台灣是地震大國，四座核電廠都緊貼斷層，恆春居民所憂慮的核三廠，就位在恆春斷層邊，而核四廠距離枋腳斷層一・三公里、距離溪底斷層二・六公里，而金山斷層分別距離核一廠七公里、核二廠五公里。不僅如此，核四廠半徑八十公里海域內有七十幾座海底火山，十一座是活火山，最近的只離核四廠二十公里。

日本在核災後，把號稱最危險的濱岡核電廠所有機組停機，是因為濱岡是在隨時會發生東海大地震的預測震源上，濱岡核電廠旁邊的牧之原市還因為濱岡很危險，而在九月二十六日由議會決議要讓濱岡核電廠永久停止。

但是如果東海大地震真的發生了，台灣也在影響的範圍內，而台灣本身也隨時可能發生大規模地震，但台灣既有的三座核電廠耐震係數都不如福島核一廠，更大不如日本絕大部分的核電廠，也不到濱岡核電廠的一半。現在濱岡停機了，幾位日本專家認為台灣核電廠是地震帶上最危險的。

此外，除了核四廠多頭包工而問題數不清外，台灣核一處的兩個機組都用GE缺陷爐「馬克一型」，跟福島核一廠的一號爐至五號爐一樣。此爐設計者布萊登葆（Dale Bridenbaugh）早已承認是缺陷爐，除圍阻體強度不足，還有許多弱點，如內部構造過度複雜，配管或壓力控制池都在其中，且圍組體過小，只有馬克二型、三型的六成大，維修困難，管線龜裂、零件腐蝕等問題多多，他早在一九七六年就要求GE停機，但GE不聽。

福島核一廠二號爐的馬克一型是一九七三年的，當時GE訂單很多，製造粗疏，日方也想省錢，二號爐雖出力大幅升高，但圍阻體較薄，像核災後四月初，受世界矚目的超標億倍高輻射汙水，就是二號機圍阻體破損流出，二號爐在地震剛發生後，圍阻體便破了一個直徑達七．六公分的大洞，可見相當脆弱。據京都大學原子爐學者小出裕章指出，福島核災放出的輻射物質大部分都是二號爐散發出來的。台灣核一廠的兩個機組都是跟二號機同一時期的產品，格外令人不安。

42

# 核災一旦發生，台灣人無處可逃

日本前首相菅直人回顧福島核災最壞必須疏散三千萬人。如果換作是台灣，有多少人必須疏散，又能疏散到哪兒去？

三一一核災當時，日本政府內部曾擬定「最壞狀況方案」，福島核一廠二百五十公里圈內的三千萬人都必須疏散，而東京正好離福島核一廠二百五十公里，亦即連整個首都圈都必須疏散。菅直人因此體悟，核災可能導致整個政府、國家機能喪失，因此唯一的解決對策就是擺脫對核電的依賴。

不僅日本，連美國也在三月十四日三號爐爆炸，導致東京也有輻射塵來襲時，曾考慮要讓東日本的九十萬美國人撤離，但因為擔心影響美日信賴關係，暫時觀望了一下。

事實上，三月十五日起，東日本有非常多的日本人也都讓家小往西疏散。我自己也是全家疏散到離東京五百公里外的大阪，但那是因為日本腹地很廣大，還有關西、北海道、九州、沖繩等地可以疏散。換作是台灣，人們將無處可逃，尤其若是核一廠、核二廠發生核災，在三十公里圈內的六百萬人要往哪裡逃？許多朋友說：「只有往海裡跳！」這似乎不是黑色笑話，而是恐怖的現實。

因為腹地不大，本身就會帶來嚴重的社會混亂，陷入大恐慌狀態，地狹人稠的台灣，不要說在地震帶上原本就沒有逃命的餘地，怎能還把自己綁在核電這種巨大的不定時炸彈上？

疏散是從人多處往人少處遷徙，東京的三千萬人要疏散也不是做不到，只是東京的首都機能將因此敗壞，日本將面臨國家存亡危機。即使現在，東京的德國大使館有半數館員逃離，不願在東京接受微量輻射以及吃汙染食物，寧可辭職，使大使館機能減半。至於台灣，不管到哪裡都人口過密，無處疏散。萬一核災發生在核一廠、核二廠，則不僅台北喪失，台灣也會跟著喪失，房地產價值一夜變成零，各項經濟、金融機能都喪失，股票也都變成衛生紙，因此只要是珍惜自己資產以及身家性命的人，都應該大聲主張廢核。

# 43 假如台灣發生核災，你怎麼辦？

一般人面對核災其實是無能為力的，台灣人只能監督政府，督促政府負起責任，以適當的措施因應災變。

核災是很可怕的，是只要一次就會讓台灣全島滅絕的，資產價值以及所有社會經濟功能都會喪失，導致「台灣喪失」。我們個人除了要求政府廢核之外，也只能相對採取一些自衛手段，守護自己以及家人的生命和健康。

核災非常恐怖，卻又是肉眼看不見的，一般人面對核災是很無力的，基本上還是要政府拿出對策才行，政府不能不做的是：

（一）馬上成立綜合緊急對策總部，成員需要具備特別知識，平時就要有研究、準備與演習，臨時組成是來不及的。平時就要制訂有效的對應方針和規則。最重要的是政府不能隱匿資訊，否則耽誤居民逃生與救命的機會，更容易導致社會混亂。

（二）發生核災時，核電廠不僅要向總統府、原能會報告，也要盡速通知消防隊、地方鄉鎮公所以及居民組織等。

（三）要加強核電廠附近公路的整備。公路要能四通八達，本身耐震性夠，像現在恆春有七萬居民，卻只有一條路，屆時怎麼逃？

（四）台北縣、台北市以及恆春附近三十公里的範圍內，全戶發給碘片。

（五）要確保最少能讓核電廠十公里範圍內的人緊急避難的巴士與場所。

（六）平時就需要高精密度的風向與降雨預報，而且要盡全力通報給居民。

至於我們個人要注意的事項是：

（一）最重要的是避免遭到第一次輻射線曝照。只要過三天，殺傷力就會剩幾分之一，而且最好避免往下風處（風吹過去的方向）移動。

（二）如果沒辦法順利移動，例如沒有車，而有長時間遭輻射塵曝射或淋到雨的危險，還不如關在家裡三至七天。窗戶要用膠帶封住，換氣降到最低限度。

（三）要服用碘片。

（四）盡量蒐集各方面的資訊。不能完全相信政府發布的消息。擁核當局至今從沒發布真相過。

（五）最好自己能有可靠的輻射偵測儀器，此時相信機器勝過一切。若超過一小時十微西弗最好考慮避難，若超過一百微西弗則必須馬上避難。

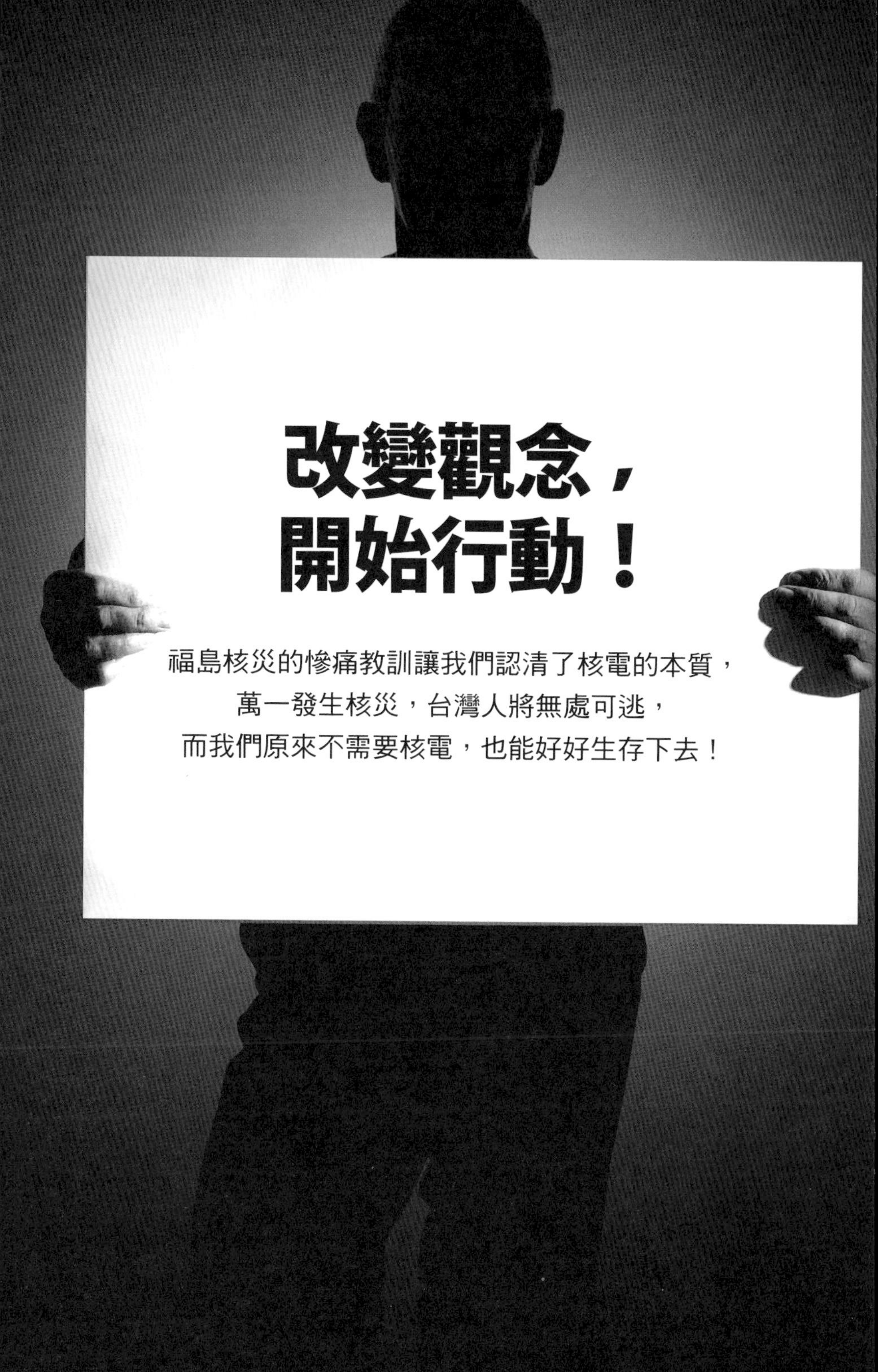
改變觀念，
開始行動！
福島核災的慘痛教訓讓我們認清了核電的本質，
萬一發生核災，台灣人將無處可逃，
而我們原來不需要核電，也能好好生存下去！

44

# 沒有核電，也不會沒電可用的

電力公司最常威脅非核消費者「難道你不用電呀？」「你不搭電梯呀？」沒核電，會不會沒電可用？

在台灣，有位擁核的名主持人在她的廣播節目裡問我：「那妳不怕回到江戶時代，沒冷氣可吹呀？」現在復古熱潮大興，努力半天只能回味昭和年代，能回到江戶時代，未必是壞事，但沒有核電，一定還有冷氣可吹的，馬上把核電跟電力不足掛鉤來恐嚇國民，是擁核者或業者慣用手法，千萬別上當，只要電力公司不搗蛋，不會沒電可用的。

即使核電依賴率三成的日本，沒有核電也完全沒問題，更何況台灣依賴率只有一八％，電力備載率有二六％，沒核電，也有相當餘裕，而且備載率是以最高峰紀錄來計算，依賴率實際也不到一八％，但核能發電了不得不用，只好用低電費來強迫推銷，然後再用稅金來補貼台電每年數百億赤字，讓全民自我承擔高度的核災風險，宛如荒謬鬧劇。

日本今年夏天處處都在喊省電，但專家踢爆這是核電業者想要繼續運轉核電而製造的電力不足假象。東京電力新社長西澤俊夫七月中旬在朝日電視專訪中說溜嘴表示：「電力綽綽有餘，還能支援關西電力呢！」讓人覺得遭東電戲弄了！

日本產業界原本對電力不足有些不安，但專家指出，只要電力公司不搗蛋，電力不會不夠用，日本企業自家發電能力達六千萬千瓦時，相當於六十個原子爐，原本就不需要核電。若還緊張，那就像東京蓋兩座天然氣發電廠，而且幾個月就蓋好了，每座有一個原子爐的威力，天然氣排碳等問題小，蘊藏比鈾豐富，已成世界主流。

但省電是好事，許多企業發現省電並不困難，像電力公司要求大戶用電業者省電一五％，但汽車產業宣告能省二五％，甚至連遭詬病的小鋼珠業者也都強調省電二五％以上。今年夏天沒問題了，電力公司馬上又威脅：「冬天西日本五家公司會電力不足！」但誰會理會？冬天可以取暖的道具可多了，那不過是電力公司又想漲電費的藉口罷了。

45

# 省電，比想像中容易

比起隨時隨地擔心遭到輻射汙染，日本人寧願改變生活習慣，盡力省電，而且發現這樣做竟是輕鬆愉快。

三一一之後，跟其他的生活不方便比起來，省電是最不會不方便的，也是最快活的部分。

核災發生後，每個動作都得想，像下雨就得撐傘，不能搞瀟灑，回家要趕快洗頭。許多媽媽不敢讓小孩在操場或公園玩，只能在離開地面高的地方停留，擔心接近地面的輻射物質累積多。但省電則沒有任何憂慮，許多人表示：「省電很好，以前省電能省幾塊錢不錯，但現在省電是可以讓別人用，大家有電用，省多了就不要核電了！而且要省一五％或二〇％都很輕鬆愉快！」

省電不過是許多商店招牌沒點燈，有時會錯過想找的店，但找到時格外興奮，證明自己還有點記憶力。有的商店街燈光少點些，不說還沒發現燈管被抽走了，才知道至今到處都點太亮了，現在少點幾個燈恰恰好。辦公室以及許多餐廳的冷氣設定在攝氏二十八度左右，其實很好，過去冷氣溫度都是以男人穿西裝為基準設定的，女人因此手腳冰冷，毛病多多，現在終於獲得解脫。男人也不再判西裝領帶刑，只是穿便服沒 sense 的歐吉桑吃虧些，越來越吃不開。

至於家庭內，大家多用 LED 燈泡或省電家電，要用電時才插上插頭、多用電扇或用電扇輔助冷氣效果，加熱多用瓦斯而少用電，效率更好，不少家庭裝了瓦特表，隨時測知現在用電多少以及省了多少電，很有成就感。許多家庭為了省電而聚在同一房間吹冷氣、看電視，也培養感情，或許明年日本出生率會因此上升呢！

雖然沒核電不會沒電可用，但省電好處多多，算是核災後新價值。我最近住過的台北星級飯店冷氣開到二十度左右，或許想演出高級感，但在日本會被認為是很低級呢！

# 46 反核都從女人開始，顧家男人更當仁不讓

女人出於護衛子女的本能，深刻感受核電的毀滅性，然而掌權的政、官、商困獸猶鬥，一味支持核電，不管下一代的死活。

日本至今還是男人決定一切的社會，男人很容易拚命抓住權力和聲譽不放，但女人從社會獲得的資源比較少，生存本能很強，對於情勢的分析判斷反而很現實，因此反核都從女人開始。女人知道什麼才是人類正常生活的方式，當然不信男人那套說不通的道理，哪有由政府長期補貼昂貴又骯髒的核電來自己炸自己的道理呢！

女人有生活感，有基本護衛子女的健康安全的母性本能，因此看到福島核災影響，覺得核電是毀滅性的玩意，而且不管從成本等商業觀點或國民身

家安全來看，都早該廢核了，但卻事與願違，占有權力的政、官、商困獸猶鬥地想維持核電，不管別人家小孩死活，這是男人當家社會的弊病，從核災問題也顯示到了一個轉換期了。

許多男人沒買過菜、沒跟小孩玩過，這種沒生活感的男人當然無法體會核災的恐怖，盲目遵從企業方針而不反核，沒用自己的腦子想過。從男人的核電價值觀，就可以看出男人對家庭參與多少，像東京自來水含碘、銫超標，東京有位常幫忙餵奶的年輕爸爸按鈴提訴，指控福島核災讓他的生活遭受威脅，顯示幫忙帶小孩的男人會完全受不了，帶孩子去公園玩的男人也會抗議輻射汙染讓小孩哪裡都不能碰。甚至男人遛狗時也會擔心狗去抓、挖高劑量的水溝邊、雨水管、樹叢等。

許多男人的反核是因為受到女人的影響，像前首相菅直人會主張非核，據說是他的妻子伸子的主張，而前首相安倍晉三原本是相信核電安全並擁核的典型自民黨政治家，但因夫人昭惠反核，還找了環境能源政策研究所所長飯田哲也來家裡說服安倍，或許安倍也會跟著轉向。會尊重女人意見、關心女人孩子的男人，自然也會跟著反核的！

相反地，如果對家庭或家人不關心的話，就很容易擁核，像擁核聞名的弘兼憲史，便曾表示「妻子和兒子都是我的同居人，但我不想為了跟家人相處而減少工作時間！」日本人所謂只有公司方針的社畜或工作中毒者，不想多費腦筋去思考普通人的感受，而只想競爭，那樣很容易變成擁核者，為擁核者的利益辯護。

47

# 核災比車禍、飛機失事嚴重千萬倍

有人宣稱「不能因為有車禍就不開車，也不能因為有核災就不用核電」，這種說法忽視了核災獨有的毀滅性。

導演北野武說：「日本每年都有數千人因車禍死亡，難道因此不開車？」其他擁核者也愛說：「每年都有人吃年糕嗆死，難道因此不吃年糕？」或如作家石田衣良，以及拚命對亞洲地震大國印尼等推銷核電的南韓總統李明博則都愛說：「飛機失事發生概率雖低，但致死率高，不會因此就不搭飛機呀！」完全沒因為三一一核災而改變對核電的狂熱。

這種幼稚的推論法不對，是因為年糕嗆死或車禍死亡、飛機失事，並不會像核災那樣嚴重，讓數十萬乃至百萬人無法重返家園，必須拋棄身家財產、人生，土地、海洋、大氣，一切受到嚴重的汙染，百年乃至數萬年都無法恢復原狀，數百萬人的健康遭輻射破壞，數萬乃至數十萬人在多年後發病，或只是食用受到汙染的土壤、海洋收穫的食材而致癌。核災會讓社會和國家遭受到毀滅性的傷害，其規模和影響之巨大，不是車禍等能比擬。

此外，搭飛機或開車的人雖沒打算發生事故，但多少理解開車或搭飛機是有風險的，而使用核電的人因為擁核當局或業者拚命宣傳核電，誤以為核電是安全的。在福島核災發生之前，全球各地不斷有大小核災發生，許多核電事故甚至被隱匿沒公布，核安神話早已崩盤了。而開車、搭機等多少是有絕對必要性才利用，但核電對許多社會根本是不必要的，連核電依賴率原本達三一%的日本，現在五十四個原子爐只剩十四個在運轉，電力也綽綽有餘，像八月中旬的猛暑，也毫無問題。至於被台電用低電費強硬推銷，依賴率還只有一八%的台灣，當然不需要核電，更不值得付出全島滅絕的風險來使用。

# 48 台灣不需要依賴核電燃料

擁核者或馬英九總統老是說：「台灣沒資源，石化能源必須仰賴進口，不能沒核電！」這是真的嗎？

當然不是，日本擁核者或政府當局過去也常用這種藉口，但最近不敢說了，因為謊言已遭拆穿。事實上，核電燃料的鈾更稀有，而石化資源的蘊藏量還很豐富，自然再生能源的開發神速，值得發展。核電業者為了利益而不顧國民的生活安全，散布不實資訊。核電是很特殊的產業，是必須說很多謊言才能維持的產業。

日本也有許多專家估計石油或煤炭資源還有八千年可用，證據包括：

（一）一九七〇年石油危機時說石油只能再撐四十年，過了四十年的二〇一〇年也說是石油只能再撐四十年，四十年只是業者的投資計畫年度上限，以及藉以哄抬油價的便利數字而已；（二）中國在主張釣魚島主權時，提到海底有與伊朗、伊拉克相當的原油，蘊藏量達一千五百億桶，有一百年份，而非四十年份；（三）在澳洲等地探勘發現有一千年份的煤礦，只要好好改善石化發電技術，以及過濾汙染設備，過渡期使用石化發電很安全，但慮及排碳問題，最好轉換為自然能源。

台灣和日本都依賴進口的石化能源沒錯，但難道核電燃料鈾不是依賴進口的嗎？鈾的蘊藏量不過四、五十年，連擁核的國際原能總署在二〇〇七年的鈾礦紅皮書中都承認鈾藏量三百三十萬公噸，每年需要七萬公噸，鈾會比石化能源更早枯竭，價格更因中國、印度等國家大搞核電而飆升。

鈾礦開採時不但會大量排碳，更有輻射汙染，美國那瓦霍族就靠有死羊來判斷鈾礦的存在，而美國在一九七九年，南達科他州就有原住民因採鈾汙染水源，導致三八％孕婦流產。其他如法國尼日或巴西的巴西亞省等，也因採鈾而嚴重汙染水源，礦工肺癌致死率很高。西澳工黨在今年七月重申禁止鈾礦的開採，以維護原住民的基本生命權。全世界採鈾的犧牲都是強加給原住民、非洲人等弱勢者，核電是從原料開採就很不人道的。

49

# 名人相繼出面大反核

三一一核災發生後，日本有多位名人陸續出面反核。反觀四三〇在台北的反核遊行，只看到導演戴立忍和演員楊一展而已。

日本在福島核災之後，有許多名作家、導演、藝人、政治家及財經人士等相繼表明反核，其中最具震撼力的還是擁有上億讀者的作家村上春樹。他說，沒有持續對核能說不的日本人，是受害者的同時也是加害者。此外，動漫大師宮崎駿也忍不住出面呼籲福島全縣都該避難。

政界如日本最大擁核巨頭前首相中曾根康弘，他在一九五四年跟讀賣集團創辦人正力松太郎引進核電，正力因此被稱為「原子能之父」，中曾根在核災發生後三個月，也開始主張應該推動自然能源，驚動世人。

前首相小泉純一郎也主張應促進太陽能等自然能源的開發，放棄自民黨時代長年推動核電的立場，這樣的幡然改悟，主要是這次核災太嚴重了，日本社會幾代都償付不完。財經界則有首富的軟體銀行孫正義出面踢爆核電成本的騙局，並開始研發、生產自然能源。

宮崎駿的吉卜力工作室與擁核的讀賣集團合作，發言謹慎，當初他只默默掛出「我將不依賴核電拍片」布條，也不敢承認那幾個字是自己寫的，不受媒體矚目，但後來他終於忍不住呼籲福島應全縣避難，是因為他知道福島縣不僅在避難的三、四十公里圈汙染嚴重，連六十公里圈外的福島市等也非常恐怖，尤其兒童受影響更嚴重。

長年反核的作家大江健三郎與許多名人發起千萬人署名反核運動，此外大師級的坂本龍一、飯野賢治，藝人西田敏行、愛川欽也、吉永小百合、市原悅子等，歌手櫻井和壽、宇多田光、齋藤和義等，也都表明反核。

反核的名人越來越多，擁核而拿到核電業者好處的名人如北野武、大前研一或勝間和代等，則遭指名而成為攻擊對象。北野武說核災就跟車禍一樣，馬上遭大作家赤川次郎批判認為這是忽視核災嚴重性，車禍是不會讓幾十萬人幾十年無法回家的！

# 50

# 被核電收買的名人

在日本，雖然有不少名人公開反對核電，但也有名人支持核電，而且收受了核電業者的好處。

正如台灣也有名人在幫台電當打手一樣，日本也有許多名人當過核電的打手。道理很簡單，他們從電力公司或業者那裡拿了很多錢，有錢能使鬼推磨，許多名人的靈魂不值幾文。

著名的例子是摔角選手安東尼・猪木為青森知事選舉站台事件，最初主張核電應凍結的候選人拿一百五十萬日圓拜託猪木，猪木答應去站台，但是擁核候選人的金主，也就是電氣事業連合會（電力公會）表示要給他一億日圓，猪木便慌張地退還了一百五十萬日圓，轉而去幫擁核候選人站台了。電力公司財大氣粗，用鈔票砸名人的臉頰非常簡單。

除此之外，不賣藝而賣身給核電的文化人、藝人也很多，他們接拍核電廣告、出席演講會、發表文章，鼓吹核電有多安全，被稱為「核電藝人」或「核電文化人」。像導演北野武或男星渡瀨恒彥等，我雖然曾是他們的粉絲，但後來從他們對核電的立場得知他們的人生態度，而感到幻滅。

北野武語不驚人死不休，曾表示自己最愛核電，而且「核電廠發生地震也沒問題，發生地震，往核電廠逃最安全！」東北大地震發生時，北野武應該往福島核電廠逃才對呀！日本核電廠在震度六時就會崩潰，而且只有原子爐本身堅固，其他部分很容易就會損毀。北野武後來自己承認是拿了錢，只好幫核電業者消災，還算有良心。

還有幾位大師也曾遭核電收買，例如日立原子爐開發出身的大前研一，在災前三個月才剛斥責日本媒體對核電監督過嚴，使得運轉率只有六成實績，不利出口。堺屋太一曾為中部電力公司在工商界成立打擊反核的祕密組織。漫畫家弘兼憲史更是長期與東電合作而透過漫畫、演講鼓吹核安，獲得巨額廣告費和稿費。東電也曾委託另一位漫畫家三浦純畫四格漫畫，稿費高達五百萬日圓，但三浦覺得這是要他出賣自己，就拒絕了。其他如長期反核的已故核電科學家高木仁三郎，電力公司也曾拿三億日圓要收買他，但他不為所動。反核者的靈魂還是昂貴多了。

# 51 連小泉純一郎都幡然醒悟

許多曾經擁核的日本政治家都認錯了，現在誰都知道，核電是最昂貴、耗錢又汙染環境的能源。

台灣還有擁核媒體謊報，日本首相野田佳彥想拚經濟而不放棄核電，其實野田沒說過任何一句把經濟與核電掛鉤的話。現在誰都知道核電最昂貴、耗錢又汙染環境，尤其福島核災百年也收拾不完，日本八成國民及執政黨都逐漸要放棄核電，而非台灣擁核媒體說的「日本不放棄核電」。

廢核已是必然的趨勢，尤其車諾比核電廠事故時曾遭池魚之殃的歐洲各國，對福島核災反應積極，不僅德、義、瑞士朝零核電之路走，甚至連最依賴核電的法國，也開始檢討要在二〇二五年之前把核電減半了。

日本已宣布二〇一二年五月將停止審批新核電廠，而到二〇二〇年，再生能源要占二〇％，為此努力實現多元化的能源結構，鼓勵企業及居民發展太陽能、風力、水力及地熱發電等自然能源。國際熟悉的新上任經產大臣枝野幸男，也打算對既有電力公司的壟斷開刀，讓發、送電分離，促成電力自由化，才能有效擺脫核電。

不僅執政的民主黨想廢核，連過去半世紀以來推動核電的自民黨元老也相繼要廢核，除了引進核電的前首相中曾根康弘轉向外，最有人氣的前首相小泉純一郎在五月底表示「應降低對核電的依賴，盡全力開發自然能源」，也主張無法讓居民接受危險的爐，只有廢爐一途！

小泉純一郎在九月十八日甩著他瀟灑茂密的銀髮大罵被騙，因為官僚都胡說核電是低成本，簡直一派胡言，而且「單單要處理高階輻射廢棄物需要龐大的費用及數萬年時間」，因此他認為應該「把蓋核電廠的錢用來開發自然能源，降低對核電的依賴才行！」連小泉死對頭的小澤一郎也說：「沒辦法解決高階輻射廢棄物問題，就只好發展新能源！」

這些曾經擁核的政治家都認錯了。核電是歷史錯誤，半世紀前錯以為是進步的電力，但經過了五、六十年，核電廠還無法解決劇毒的用過核燃料問題，早就沒法再搞下去了。

52

# 區區小島何以能反核成功？

日本政府對核電建廠所在地都給予相當優渥的補助，利之所趨讓居民甘願賠上安全家園。儘管如此，仍有反核成功的先例。

日本政府為了推動核電，對於一座原子爐從開始建設到廢爐，補助超過二千億日圓，這還不包括當地鄉鎮的各種稅金收入、電費減免，以及電力公司的各種贈禮。以北海道的泊核電廠為例，它是在核災後第一座恢復商轉的核電廠，泊這個居民不到二千人的小鄉，擁有許多豪華建物，如人工室內滑雪場、溫泉設施等，若居民想要，北電（北海道電力）可以送他們電腦，買房子時每戶補助二百萬日圓等，每個人分到的核電補助高達三千萬日圓。因為這二千人遭收買，所有北海道居民的安全都遭到威脅。

北海道知事高橋春美的後援會會長是北電董事長，北電高幹階層每年大筆捐款，知事等於是北電養的。日本類似的地方鄉鎮或知事跟核電緊密結合，吸核電補助的毒，放棄了原本的產業，喪失其他生存能力，當老爐補助減少後，就又去拉新爐來。

但日本有個在瀨戶內海的可愛小島祝島，居民只有五百人，島民有七成年紀超過六十五歲，是典型高齡化而人口過疏的離島，這些居民二十三年來誓死反對擬建在祝島對岸距離四公里的上關核電廠。多年來，每週一全島島民都舉行示威，對中電（中國電力公司）不斷抗議，表示「我們不賣我們的海！」不讓中電上岸舉行說明會，熬了二十三年，終於讓原本二〇一二年要動工的上關核電廠在三一一核災後「不新建、不延役」的原則下，大概無法動工了。

根據曾在島上兩年拍攝紀錄片《祝島》的女導演纐纈綾表示，祝島反核成功的原因很多，其實當初島民也不知道核電是什麼玩意，他們就像許多地方鄉鎮的居民一樣，聽政府或學者、媒體宣傳核電是安全乾淨的能源，但是有十幾位出外討生活而在核電廠工作的島民趕回來，挨家挨戶地說明核電是會放出輻射線讓人致癌，且會破壞山海環境的，讓島民對核電心生警覺。

中電曾免費招待島民去四國的伊方核電廠參觀，但島民在搭船離開時發現當地的海水顏色、溫度都不一樣，宛如死海，更覺得不對勁。島民自覺只要有島、有海，他們就能快活地生存下去，其他不需要什麼。島民是命運共同體，如果發生核災，島民沒地方可逃，只能在島上等死，而且無法給子孫留下美麗的島與海，於是只好反核到底！

# 〈附錄〉村上春樹反核大出櫃

作品被翻譯成四十五國語言的日本作家村上春樹，在西班牙接受加泰隆尼亞國際獎頒獎時，發表了一篇嚴厲批判日本人依賴核能的演講，打破至今他對核能、核災的沉默，算是核電立場大出櫃，同時宣告他今後將以擁核者對反核者所貼標籤「非現實的夢想者」的身分，靠文字創作來反核，協助日本重建遭核能破壞而難以重建的倫理規範。他認為，曾挨過原子彈的日本人在福島核災發生前就應持續對核能說「不」，今後當然應該結集所有技術與睿智，來開發取代核能的能源。

福島核災後，日本相繼有國際大師，如電玩的飯野賢治、導演岩井俊二等，相繼出櫃表明反核，加上原本反核聞名的作曲家坂本龍一等，但都不如這次村上春樹來得有力、震撼性強，瞬間獲得全球媒體的快報、播放走馬燈，而他演講的情景也毫無修剪地在Youtube等網路平台出現，讓全球能觀賞、聆聽到。

核電雖然是現在已無法解決的棘手劇毒產業，更是禍及後世的怪獸，當然需要像村上一樣從歷史文化的觀點思考。他在演講時，二度提到廣島遭原子彈轟炸的慰亡靈碑上所刻的悼念文：「請安息吧！我們不會重犯這樣的過失！」村上喜歡這句話，是因為受害者的日本也含有加害者的反省意味在其中。這次的福島核災，等於是日本二度經歷核災，但這次日本是自己轟炸自己，自己是加害者。如村上所指出，日本再度成為受害者，福島已有十數萬人被迫放棄土地、生活，在三一一之前，所有人都應該拒絕核電，但大家沒有去阻止，所有人都是加害者。

的確，現在福島核災放出的輻射總量，據各國專家估測早已超過車諾比了，日本將不得不承認，這是史上最嚴重的核災，而且在幾次爆炸後，至今每天仍持續放出一顆廣島原子彈的輻射量，高濃度輻射水被堵住，往他處竄流入海或汙染地下水，非常恐怖。村上表示，日本這次核災持續汙染周邊土壤、海洋及空氣，也加害鄰國，非常過意不去。

村上春樹提到「核能」時，都用「核」這個字來表現，故意將核能跟日文的「核實驗」「核爆彈」「核兵器」「核軍縮」等視為同等的武器、兇器，而不用日本戰後引進核能時的美稱「原子力」「原發」（核電）來緩和日本人遭「原爆」的痛苦。村上的日文表現，是日本至今未見的，也是他反核決心的宣示。

容許宛如兇器的核能存在，害日本經歷二度核災，村上認為當然令人氣憤，日本原應毫不妥協地堅持對核能的過敏反應的，但人是很健忘的，曾得過諾貝爾文學獎而長年反核的大江健三郎在三一一後批判日本人的健忘，也指出「不應該背叛廣島犧牲者的記憶！」

村上也不假辭色地批判對反核者或質疑核電者扣帽子的擁核者，帽子當然不僅止於「非現實的夢想者」這種客氣稱號，他指出，擁核者要求反核者面對的「現實」，不過是貪圖安逸的便利而已，主張核電效率良好，不但把核電當國策推動，電力公司更散發大把銀子宣傳核電，收買媒體，對國民灌輸核電安全的幻想，動輒威脅電力不足，讓國民感到無奈。村上等於揭穿擁核者及核電業者長年騙局。讓這樣的騙局持續下去，是日本人倫理規範的敗北，為此他要好好當反核夢想家，來建立超越國界的精神共同體。村上所提及的「地震大國不適合核電」或核電擴散騙局，正符合台灣的處境，台灣不需要等核災發生才開始夢想吧！

# 〈附錄〉宮崎駿憂慮的福島輻射汙染真相

動畫大師宮崎駿除了掛布條表示不再依賴核電製片，六月十九日親口表明，期待自然能源法案通過，並很勁爆地說：「福島縣已經是全縣不避難不行的狀態！」亦即福島核一廠放出的輻射汙染已讓福島縣不適合人居，日本真的陷入「福島喪失」狀態，至少有數十萬福島人已經失去他們的故鄉，到底福島縣現在遭輻射汙染的真相為何？

日本政府目前對於核災避難，在京大調查團及國際原子能總署指出後，連離福島核一廠四十公里圈的飯館市、浪江町等，也列入強制避難的高濃度汙染區，但事實上，現在連六十公里外的福島市也非常危險，宮崎駿才會說福島全縣不能不避難。

筆者於六月十九日去了福島縣人口最多、面積最大的岩城市，見到三一一後不久便與京大教授今中、小出等一起在福島各地量製輻射劑量地圖的木村真三博士，他指出，即使九五%在三十公里圈外的岩城市也如荻、志田名地區，輻射劑量不輸飯館村，十九日當天也超過一小時三微西弗。但政府指定避難是依照行政粗糙劃分，這些地區的居民雖飽受輻射汙染，卻無法搬遷。岩城市算是比較好的，其他五十公里圈的伊達市、郡山市，因地形及三月爆炸時風向，輻射汙染更嚴重，伊達市只好自救，提供公宅讓乳幼兒家庭避難居住，郡山則有不少兒童鼻血流不停。

福島市是福島縣廳所在，人口有二十九萬，綠色和平本部調查發現，市內公園土壤輻射汙染超過一小時六微西弗，輻射物質除了銫一三七、銫一三四外，甚至測到鈷六〇，這也是爐心熔毀的證明。而汙染嚴重聞名的渡利中學停車場附近高達三六〇微西弗，剷土除染後也還有四十五，一年累積輻射劑量高達二百四十毫西弗，超過日本政府表示沒問題的二十毫西弗的十二倍。

輻射線是看不見的透明恐怖兇器，日本政府和東電若真要負責搬遷、賠償，幾百兆日圓也賠不完，因此只要不會當即致人於死，便盡量拖延、推卸，甚至把兒童一年被曝劑量上限突然從一毫西弗提高至二十毫西弗，比世界上的許多核電人員被曝上限更高。兒童受輻射影響的程度是成人的三倍，三十萬福島學童嚴重被曝，殘忍無比，雖然文部科學省在各方抗議下表示要努力以重返一毫西弗，但事實上做不到。若慮及兒童健康，福島的確全縣無法住人，據日本大學教授小澤祥司指出，鈽一三七的半衰期是三十年，應避難的高汙染地區若要恢復到核災前，需一百年，福島至少有數十萬人已喪失可以回去的故鄉了。

日本曾有九年累計遭五十毫西弗輻射汙染而罹患血癌致死的二十九歲核電工獲得勞災認定，被曝於超高輻射汙染的福島人壽命不知要縮短多少，致癌率也會大為提高，現在已經可以想見，十年、二十年後，福島癌症病患提訴政府及東電的光景。

福島核一廠至今放出的輻射汙染，即使據保安院六月初公布的，已是七十七萬兆貝克，若加上沒算的海洋汙染，日本人每人平均承受一百億貝克，國際間緊張的二號機開門，釋放十八億貝克，不過五億分之一而已，可見人們還沒認清福島核災的嚴重性，軟體銀行的孫正義才會為日本成為加害者而向國際道歉。

最直接遭受汙染還是日本人，不僅生活環境中充滿看不見的輻射透明恐怖，主婦們拿著輻射線測定器四下測定，擔心孩子遭到輻射汙染。此外許多食物遭汙染，連三百五十五公里外的靜岡茶也嚴重超標，地下水也很危險，而且今秋收成的輻射汙染米將會混入普通米中販售，危害國民健康，這也是日本政府賠償不起禁止農民播種損失所致。烏克蘭在車諾比核電廠事故後，人民平均壽命從七十五歲縮短為五十五歲，原本世界最長壽國的日本，今後顯然很難繼續維持寶座！

〈附錄〉

# 核電小知識

## 何謂輻射能、輻射線、輻射物質？

在有關核電和核災的報導中，常會出現「輻射物質」「輻射線」以及「輻射能」等名詞，因為這三個字眼看起來很像，媒體常會混淆。

「輻射物質」又稱放射性物質，是會放出輻射線的物質。輻射物質例如鈾，如果大到某種程度（臨界量）以上，就會發生核分裂的大災難。輻射物質也可能只是一個原子大小，但即使小到跟花粉一樣的輻射物質，也會放出有害的輻射線。

「輻射線」最為棘手，因為肉眼看不見、摸不到、嗅不到，而且當下未必會傷人、殺人，而是在人遭受輻射之後，一點一點地發生作用。

輻射線中，主要有幾類對人體的殺傷力很強。最常被提起的是$\alpha$射線、$\beta$射線、$\gamma$射線。$\alpha$射線因為能量散失較快，穿透力相對較弱，常被說是一張紙或人的皮膚就能阻隔得了，這聽起來好像傷害較小，其實完全不是這麼回事。

$\alpha$射線造成的傷害，比$\beta$射線、$\gamma$射線還要嚴重，殺傷力幾乎是二十倍。當$\alpha$射線進入人體，因為毫無遮蔽，內臟全慘遭毒手。二〇〇六年，英國倫敦曾發生有人用釙二一〇（polonium）來暗殺逃亡的俄國人，當時被害者就是吃了混有釙的壽司。

鈾會放出$\alpha$射線，非常恐怖。福島核災發生時，我們家判斷是否要疏散避難的依據，就是看福島核一廠是否放出$\alpha$射線，如果有$\alpha$射線，就代表有鈽溢出來，因為鈽就是放出$\alpha$射線的。

碘和銫崩壞時，就會放出$\beta$射線，$\beta$射線是薄鋁片或塑膠墊板就能阻隔的，但越是這樣，就越會在體內作怪。$\gamma$射線則是電磁波，穿透力很強，沒有十公分的鉛無法阻隔。

至於「輻射能」則是「具有放出輻射線能力」，所有物質都具有輻射能。原子爐或原子能業界人士常愛提輻射能，讓人誤以為輻射線是普通的東西。其實輻射線是不具輻射能的，亦即輻射能並非「輻射線的能量」。許多媒體也都誤用而造成混淆。

## 輻射線有多危險？

雖然現在許多人都已經知道輻射線對人體有害，但究竟有害到什麼程度？輻射線的傷害，只能從客觀的調查和各種受害的情況，以及動物試驗結果而得知，因此數值通常是一個概數，例如低劑量的輻射線有多危險？不同的認定標準可能相差十倍或百倍以上。至於高劑量的輻射線是會很快致死，所以認定標準比較一致。

大致的狀況是：七西弗的輻射線，只要全身被曝一次就必然會死亡；五西弗只要全身被曝一次，末梢血液中的淋巴球就會減少，出現下瀉、出血，以及頭髮掉落等現象，非常嚴重，致癌死亡的比率很高。例如福島核一廠三號機附近就曾檢測出有一小時四西弗，這是非常恐怖的高濃度輻射線。至於一西弗（即一千毫西弗）的輻射也會使淋巴球減少，一西弗以下當然也相當危險。

日本政府原本規定一般日本人輻射被曝的容許劑量是一年一毫西弗，但現在已提高至二十毫西弗，這非常高，因為日本雖然規定核電工作人員的容許劑量是五十毫西弗，但實際上都不會達到這個數字。日本曾有九年累計遭五十毫西弗輻射汙染而罹患血癌致死的二十九歲核電工獲得勞災認定。至於多少西弗的輻射線會導致血癌等死亡，會因個人體質差異而有不同，但越年輕，概率就越高。

## 輻射廢棄物為什麼難以處理？

據說核電廠最棘手的是輻射廢棄物，難道真的還沒辦法解決嗎？

核電會生出遺毒十萬年的高階輻射廢棄物，亦即燃燒過的鈾燃料裡含有各種輻射物質。其他也還有所謂低階的輻射廢棄物，例如防護服，通常是以石油桶裝起來，上面澆泥漿埋在離地面不遠的地方。雖號稱低階，其實有時也會混進高濃度輻射垃圾，如核電廠長年被曝的管線、水泥塊等，人站在附近幾分鐘都會致癌奪命。按理應該是按輻射汙染濃度來分級，而非只是把用過核燃料當高階廢棄物處理。

不過這也表示用過核燃料更是恐怖的玩意，毒性是其他核廢棄物無法比擬的，裡面有輻射能減半的半衰期八天的碘，也有半衰期二萬四千年的鈽二三九，甚至也有半衰期長達百萬年的輻射物質。用過核燃料若要等到輻射能變弱，至少要十萬年遠離人類社會才行，雖然有人曾檢討過送到宇宙別的星球或沉到南極海底，但如果發射失敗，則散在大氣裡，如果在海底漏出來的話，則會汙染所有海洋。

輻射物質最麻煩的是不會有化學變化，不會變換成別的物質，也無法讓其半衰期縮短。結果唯一的方法，就是像芬蘭一樣在地下四百公尺處造儲存庫，但北歐板塊幾億年都很安定，才能相信不會因地層變動而讓這些劇毒核廢棄物爆出來。即使這樣，卻無法確定能否確實告知幾萬年後的人：在這塊土地裡放有劇毒核廢棄物，正如現在我們大概無法跟十萬萬年前的北京原人溝通。我們連百年後、千年後的社會都無法想像，如何防止後代子孫不把這些劇毒垃圾當寶挖掘出來？

## 鈽與銫與鍶

在核災的相關新聞中，看到許多輻射物質，例如鈽、銫、鍶，這都是什麼東西呢？有多毒呢？

鈽、銫、鍶是最常出現的輻射物質，最近甚至在福島大熊町還出現有鋦（curium）。這些都是超鈾元素，原子序列比鈾還大，是輻射性核種。鈾吸收中子成為鈽，而鈽吸收中子變成鋦，每個都很難纏，像鋦半衰期是一千五百四十萬年。

最令人擔心的是鈽進入體內而造成體內被曝，因為鈽放出的是α射線，若進入人體的話，將持續對內臟等集中散播輻射線，傷害身體。有一種說法是挖耳朵一搔便能殺百萬人，而五顆方糖大小的鈽可以把一億三千萬日本人都殺死，這種說法是很誇大了，但鈽二三九的半衰期是二萬四千年，幾萬年持續放出α射線是非常恐怖的事。

新聞報導中最常出現銫，例如銫牛或小孩驗尿含銫，抑或母乳含銫。銫也是非常危險的，屬於鹽基金屬元素群，跟鎘一樣，進入體內後會平均分散於全身，在全身各處持續放出輻射線，而不是集中於身體特定部位。銫被認為毒性是氰化鉀的兩千倍，因此這次東日本的土地遭銫汙染，就有學者形容像是田地遭撒了氰化鉀般。

更為棘手的是鍶，由於鍶只放出$\beta$射線，而不放出$\gamma$射線，因此不好測定，但如果測到有銫，就表示有同量的鍶存在，這次福島核災放出的壓倒性多數是鍶，鍶很難氣化。鍶很恐怖的一點是它屬於鹽基土類金屬的元素，會有跟鈣一樣的作用，因此若進入人體，人體會誤以為是鈣而積存到骨頭裡，持續讓骨骼被曝，導致齒癌、血癌等。

因此，人若被曝，影響最大的是鍶，然後是銫，其後是碘一三一。碘一三一是在核災剛發生時作用，幾週後持續作怪的是鍶和銫。

## 貝克與西弗有什麼不同？

在新聞報導中，常看到表示輻射線的單位有貝克（Bg）、西弗（Sv），以及毫西弗（mSv）、微西弗（uSv）等，貝克與西弗有什麼不同呢？

輻射線是透明的，比較難以想像。如果以火焰為比喻的話，貝克宛如火焰的強度，而西弗就是火焰熱身的感受。換句話說，貝克是放出輻射線的量，而西弗則是遭輻射線曝照者受影響的單位。

貝克是指土地或食物等所含的輻射物質，是表示放出輻射線的能力（輻射能）的單位，輻射物質一邊放出輻射線，一邊會變化為別的物質，一秒破壞一個原子核，放出輻射線，就是一個貝克。

西弗則是輻射線影響人體的單位，西弗（Sv）、毫西弗（mSv）、微西弗（uSv），代表劑量的不同。「毫」是千分之一，「微」又是「毫」的千分之一，亦即西弗的百萬分之一。

一西弗＝一千毫西弗

一毫西弗＝一千微西弗

輻射物質進入體內，會對人體發生影響，貝克換算成西弗，則隨輻射物質的分布、排出等，而有法令規定的所謂「實效劑量係數」，可以換算成輻射濃度，以及透過呼吸和飲食而遭到體內被曝的量。

西弗是很大的單位，像福島核一廠一號機和二號機之間的排氣孔曾測到有高達一小時十西弗以上的輻射線，表示人只要停留在該地一小時，百分之百會死亡。

# 輻射劑量對人體的影響

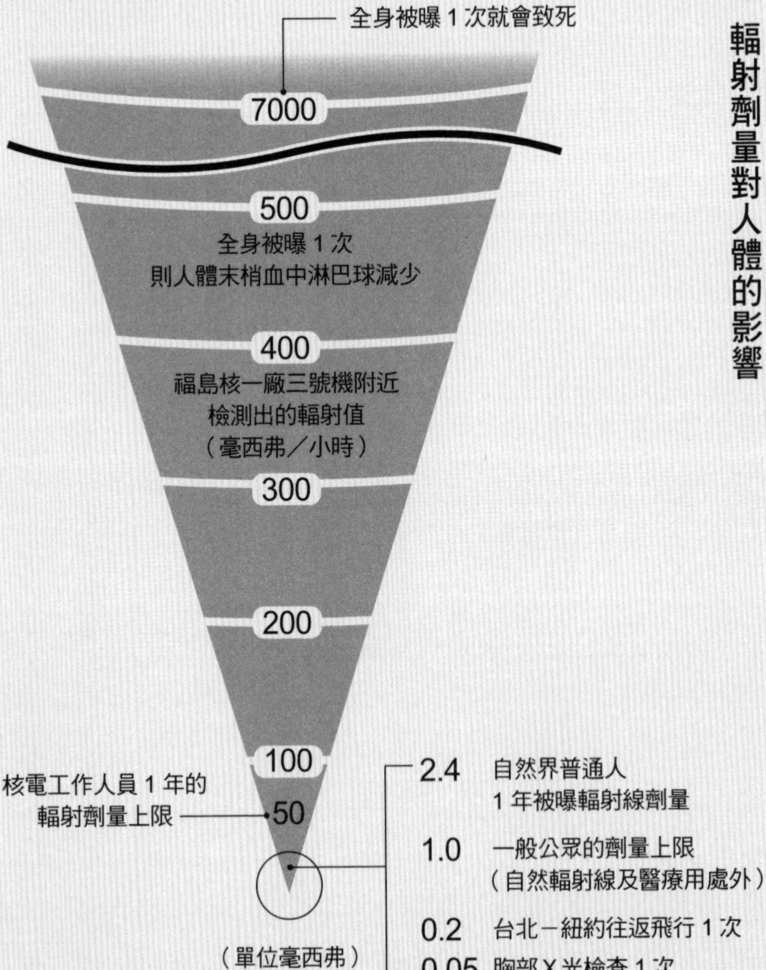
全身被曝 1 次就會致死
7000
500
全身被曝 1 次
則人體末梢血中淋巴球減少
400
福島核一廠三號機附近
檢測出的輻射值
（毫西弗／小時）
300
200
100
核電工作人員 1 年的
輻射劑量上限
50
（單位毫西弗）
2.4 自然界普通人
1 年被曝輻射線劑量
1.0 一般公眾的劑量上限
（自然輻射線及醫療用處外）
0.2 台北－紐約往返飛行 1 次
0.05 胸部 X 光檢查 1 次

# 原子爐與燃料冷卻池

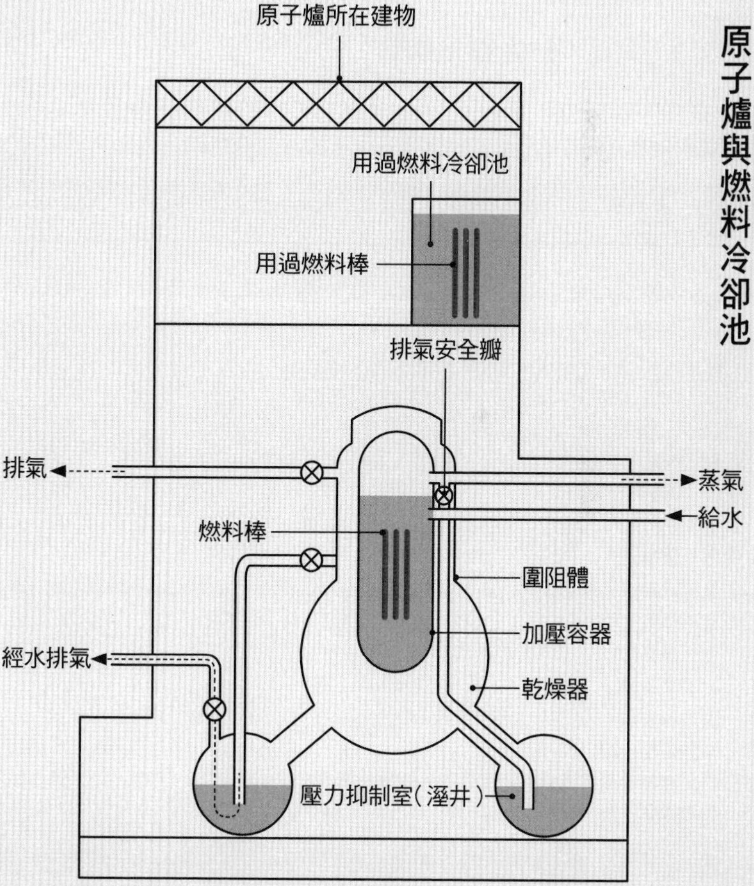
原子爐所在建物
用過燃料冷卻池
用過燃料棒
排氣安全瓣
排氣
蒸氣
給水
燃料棒
圍阻體
加壓容器
經水排氣
乾燥器
壓力抑制室（溼井）

國家圖書館出版品預行編目資料

我們經不起一次核災：政府不回答，也不希望你知道的 52 件事 / 劉黎兒 著 .
-- 初版 . -- 臺北市 : 先覺 , 2011.11
208 面；14.8×20.8 公分 . --（社會觀察；31）

ISBN 978-986-134-178-1（平裝）
1. 核子事故　2. 核能汙染　3. 核能發電　4. 問題集

449.83022　　100019069

The Eurasian Publishing Group
圓神出版事業機構
用心與你對話．視野無限寬廣
先覺出版社
Prophet Press

http://www.booklife.com.tw　　inquiries@mail.eurasian.com.tw

社會觀察 031

**我們經不起一次核災——政府不回答，也不希望你知道的52件事**

作　　者 / 劉黎兒
發 行 人 / 簡志忠
出 版 者 / 先覺出版股份有限公司
地　　址 / 台北市南京東路四段50號6樓之1
電　　話 /（02）2579-6600 · 2579-8800 · 2570-3939
傳　　真 /（02）2579-0338 · 2577-3220 · 2570-3636
郵撥帳號 / 19268298　先覺出版股份有限公司
總 編 輯 / 陳秋月
資深主編 / 李美綾
責任編輯 / 王妙玉
美術編輯 / 劉鳳剛
行銷企畫 / 吳幸芳 · 陳羽珊 · 涂姿宇
印務統籌 / 林永潔
監　　印 / 高榮祥
校　　對 / 李美綾 · 王妙玉
排　　版 / 陳采淇
經 銷 商 / 叩應有限公司
法律顧問 / 圓神出版事業機構法律顧問　蕭雄淋律師
印　　刷 / 祥峯印刷廠
2011年11月　初版
2013年 3月　4刷

定價 250 元　　ISBN 978-986-134-178-1